普通高等教育“十三五”规划教材

C++程序设计实验教程

主　编　姚望舒
副主编　朱晓旭　姜小峰　赵雷　刘安
主　审　杨季文

北　京
冶金工业出版社
2016

内 容 提 要

本书结合作者多年的 C ++ 程序设计教学经验，精选了 C ++ 程序设计语言的主要知识点进行了介绍，提供了大量的例题分析和程序设计样例程序，使读者能够更好地理解 C ++ 程序设计语言知识。书中每章都安排了相关的基本概念练习和实验内容，便于读者检验对 C ++ 语言相关知识的掌握程度。在实验教程设计的每个实验之后，设立了一些拓展思考问题，为读者理解 C ++ 语言相关知识的原理及应用场合提供了思路。

本书默认读者已经学习过 C 语言程序设计，对此没有对 C 语言相关内容做介绍，从而将内容集中在 C ++ 对 C 语言的扩展方面。

本书可作为高等院校大学本科、高职高专 C ++ 程序设计课程的教材，也可作为广大学习 C ++ 语言的人员参考。

图书在版编目(CIP)数据

C ++ 程序设计实验教程／姚望舒主编．—北京：冶金工业出版社，2016.4

普通高等教育“十三五”规划教材

ISBN 978-7-5024-7192-7

Ⅰ.①C… Ⅱ.①姚… Ⅲ.①C 语言—程序设计—高等学校—教材 Ⅳ.①TP312

中国版本图书馆 CIP 数据核字(2016)第 061557 号

出 版 人　谭学余

地　　址　北京市东城区嵩祝院北巷 39 号　邮编　100009　电话　(010)64027926

网　　址　www.cnmip.com.cn　电子信箱　yjcbs@cnmip.com.cn

责任编辑　卢　敏　美术编辑　吕欣童　版式设计　吕欣童

责任校对　郑　娟　责任印制　李玉山

ISBN 978-7-5024-7192-7

冶金工业出版社出版发行；各地新华书店经销；固安华明印业有限公司印刷

2016 年 4 月第 1 版，2016 年 4 月第 1 次印刷

787mm×1092mm　1/16；6.75 印张；163 千字；100 页

25.00 元

冶金工业出版社　投稿电话　(010)64027932　投稿信箱　tougao@cnmip.com.cn

冶金工业出版社营销中心　电话　(010)64044283　传真　(010)64027893

冶金书店　地址　北京市东四西大街 46 号(100010)　电话　(010)65289081(兼传真)

冶金工业出版社天猫旗舰店　yjgycbs.tmall.com

（本书如有印装质量问题，本社营销中心负责退换）

前　言

目前，有关C++实验教程众多，但大部分实验教程的内容主要集中在C++语言的基本概念、控制语句、数组、函数等面向过程部分，对于面向对象部分的实验反而较少，有些教材甚至仅提供1~3个实验就覆盖了C++语言的面向对象部分。大多数高校在开设C++程序设计课程之前，通常都开设了前导课程——C语言程序设计，使得讲授C++程序设计时将重点放在对C语言的扩展特性以及面向对象内容。显然，C++实验教程过多集中在面向过程部分和忽视面向对象部分是与当前大多数高校的教学不相符的。

本书结合作者在教学课程组多年的教学实践经验，经过反复实践和推敲，精选了我们认为比较重要的知识内容进行了介绍，并设计了相关的练习题和实验内容。本书内容主要分为三部分：

第一部分（即第1章）：详细介绍了C++语言的开发环境Visual Studio 2010。包括如何创建工程项目、如何给工程项目添加文件、如何调试程序等方面。程序调试是学习程序设计非常重要的环节，在完成本教程的实验时，要反复练习程序调试的方法，培养调试技巧。

第二部分（即第2章）：详细介绍了C++语言对C语言在面向过程知识部分的扩展，主要包括数据类型、名字空间、输入输出、引用、函数重载等知识内容。这部分内容是从C语言过渡到C++语言的关键部分，在C++后续的面向对象部分大量使用此部分的知识内容，读者需要重点学习。本书也在此部分提供了较多的例题讲解和练习，同时也提供了较多的实验内容，并对每个实验内容提出了一些拓展思考内容，引导读者做深入思考。

第三部分（即第3~7章）：详细介绍C++语言的面向对象内容，包括类的定义、运算符重载、继承和多态等知识内容。这部分内容是C++语言的重要特性，读者应该将学习精力集中此部分内容。考虑教学时间，没有为C++语言的模版、异常等知识内容安排实验，但并不表示这些内容不重要，而恰恰相反，这些部分是用C++语言开发高质量软件的重要内容。

本书具有如下特点：

(1) 所有内容的选择来源于实际的教学经验；

(2) 提供了大量的例题讲解供读者参考；

(3) 提供了大量的实验内容供读者练习；

(4) 每个实验提出了拓展思考问题，引导读者进行深入思考，加深对C ++语言原理以及程序设计思维的理解；

(5) 所有例题、习题和实验内容都是由编写人员共同设计完成。

本书所有内容都是编者所在教学课程组人员的共同劳动成果，大家付出了巨大的努力。

本书的出版得到了苏州大学国家实验教学示范中心的经费资助，谨致谢意！

由于水平有限，不妥之处恭请读者批评指正。

作　者
2016年1月

目　录

1　编程环境介绍 …… 1

1.1　Visual Studio 2010 介绍 …… 1
1.2　Visual Studio 2010 安装 …… 1
1.3　如何创建控制台工程 …… 1
1.4　Visual Studio 2010 调试工具介绍 …… 8
1.5　C ++ 程序单步调试实例 …… 9

2　从 C 到 C ++ …… 10

2.1　知识要点 …… 10
2.1.1　标准输入输出流 …… 10
2.1.2　数据类型 …… 13
2.1.3　名字空间 …… 13
2.1.4　指针 …… 14
2.1.5　引用 …… 15
2.1.6　动态内存分配 …… 15
2.1.7　函数重载 …… 15
2.1.8　内联函数 …… 16
2.2　典型例题解析 …… 17
2.3　基础知识练习 …… 25
2.4　实验练习 …… 30
2.4.1　实验一：输入输出 …… 30
2.4.2　实验二：引用与指针 …… 31
2.4.3　实验三：函数重载 …… 31

3　类和对象（1） …… 32

3.1　知识要点 …… 32
3.1.1　类和对象 …… 32
3.1.2　成员函数 …… 32
3.1.3　构造函数 …… 34
3.1.4　默认构造函数 …… 35
3.1.5　成员初始化方法 …… 35
3.1.6　拷贝构造函数 …… 36

3.1.7 析构函数 …… 37
3.2 典型例题分析 …… 37
3.3 基础知识练习 …… 44
3.4 实验内容 …… 46
3.4.1 实验一：类的基本知识 …… 46
3.4.2 实验二：构造函数和析构函数 …… 47

4 类和对象（2） …… 53

4.1 知识要点 …… 53
4.1.1 对象数组和对象指针 …… 53
4.1.2 对象的动态建立和释放 …… 53
4.1.3 静态数据成员与静态成员函数 …… 54
4.1.4 友元 …… 55
4.2 典型例题分析 …… 55
4.3 基础知识练习 …… 60
4.4 实验内容 …… 61
4.4.1 实验一：对象的动态建立和释放 …… 61
4.4.2 实验二：静态数据成员和静态成员函数 …… 62

5 运算符重载 …… 64

5.1 知识要点 …… 64
5.1.1 运算符重载规则 …… 64
5.1.2 运算符重载函数参数 …… 65
5.1.3 自增运算符重载 …… 65
5.1.4 赋值运算符重载函数 …… 65
5.1.5 流插入运算符重载和流提取运算符重载 …… 66
5.2 典型例题分析 …… 66
5.3 基础知识练习 …… 71
5.4 实验内容 …… 73

6 继承与派生 …… 77

6.1 知识要点 …… 77
6.1.1 继承的基本概念 …… 77
6.1.2 继承的定义 …… 77
6.1.3 继承方式 …… 78
6.1.4 派生类对象与基类对象之间的关系 …… 79
6.1.5 派生类对象的构造方法 …… 80
6.1.6 对象的构造顺序以及析构顺序 …… 80
6.1.7 基类成员访问权限的调整 …… 81

6.1.8　组合 …… 81
6.2　典型例题分析 …… 82
6.3　基础知识练习 …… 85
6.4　实验内容 …… 86
6.4.1　实验一：继承 …… 86
6.4.2　实验二：组合 …… 88

7　多态性与虚函数 …… 91

7.1　知识要点 …… 91
7.1.1　静态联编和动态联编 …… 91
7.1.2　虚函数 …… 91
7.1.3　纯虚函数 …… 92
7.1.4　抽象类 …… 92
7.1.5　动态多态 …… 92
7.2　典型例题分析 …… 92
7.3　基础知识练习 …… 96
7.4　实验内容 …… 97

附录：基础知识练习参考答案 …… 99

参考文献 …… 100

1 编程环境介绍

1.1 Visual Studio 2010 介绍

Visual Studio 2010（VS2010）是微软公司于2010年推出的集成开发环境，相比 Visual C ++6.0 而言，其界面被重新设计和组织，项目管理更加简单明了。Visual Studio 2010 是一个多语言集成开发环境，支持 Visual C ++、Visual Basic、C#和 ASP 等应用系统开发。Visual Studio 系列集成开发环境仍然在不断发展完善，到写本书为止，微软已经发布了 Visual Studio 2015。

对于学习 C ++程序设计，Visual Studio 2010 是一个足够好的编程环境，也是目前流行的 C ++程序开发环境之一。Visual Studio 2010 有多个不同版本，分别如下：

（1）专业版。专业版（Professional）是面向个人开发人员，提供集成开发环境、开发平台支持、测试工具等，是商业版本。

（2）高级版。高级版（Premium）是创建可扩展、高质量程序的完整工具包，相比专业版增加了数据库开发、Team Foundation Server(TFS)、调试与诊断、MSDN 订阅、程序生命周期管理（ALM），是商业版本。

（3）旗舰版。旗舰版（Ultimate）是面向开发团队的综合性 ALM 工具，相比高级版增加了架构与建模、实验室管理等，是商业版本。

（4）学习版。学习版（Express）是一个免费工具集成开发环境。从本质上讲，Visual Studio 2010 Express 是轻量级版本的集成开发环境。在本书的实验中，免费的实验版本足以完成所有实验。

1.2 Visual Studio 2010 安装

Visual Studion 2010(VS2010）的安装很智能化。下载 VS2010 的 iso 文件，然后用虚拟光驱软件打开该镜像文件，并点击其中的安装文件，将出现如图 1－1 所示的界面。

在右边界面中，点击要安装的编程环境，然后按照系统提示一步一步安装即可。安装过程中，可以自己选择安装路径，也可以使用默认的安装路径。

VS2010 安装完成之后，即可按照 1.3 节所介绍的方式开始学习 C ++程序设计。

1.3 如何创建控制台工程

创建控制台工程，需完成如下工作：

（1）在 Windows7 环境下，选择开始 =》所有程序 =》Microsoft Visual Studio 2010

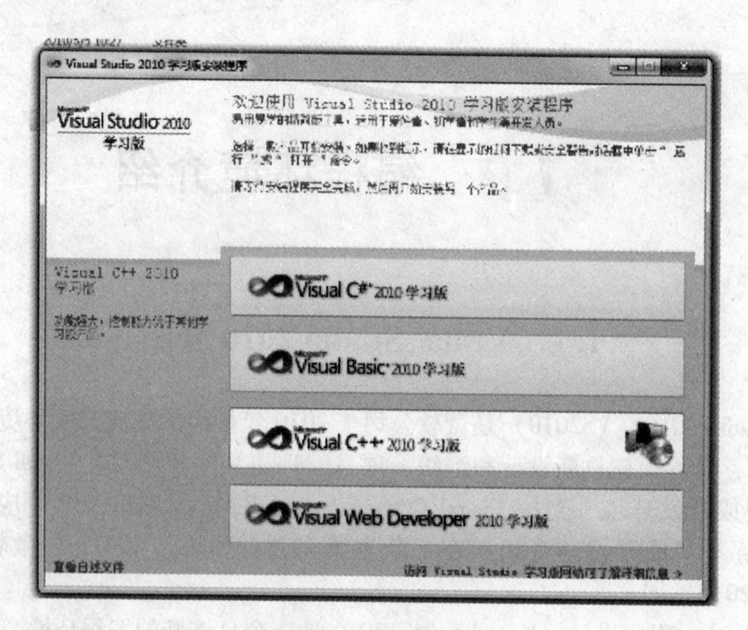

图 1 – 1 启动安装界面

Express =》Microsoft Visual Studio 2010 Express，打开 Visual Studio 2010 的界面，如图 1 – 2 所示。

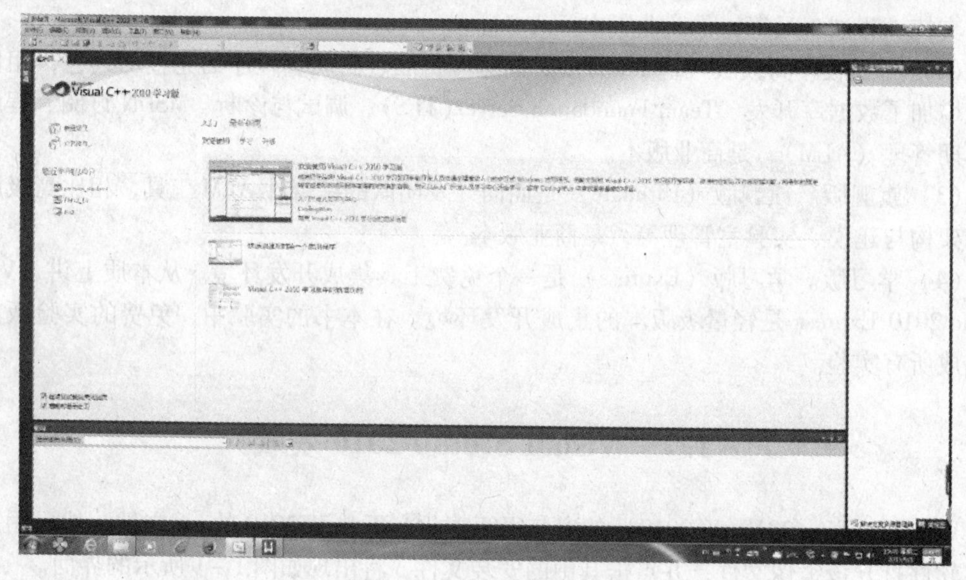

图 1 – 2 VS2010 启动界面

（2）选择文件菜单 =》新建 =》项目，如图 1 – 3 所示。

（3）点击新建之后将出现如下界面，用于创建新项目，如图 1 – 4 所示。

在此界面中，要做如下工作：

①选择 Visual C ++，选择 Win32 控制台应用程序。

②在名称文本框中输入要建立的工程名称。

③在位置文本框中输入保存工程的路径，也可以点击右边的浏览按钮选择保存路径。

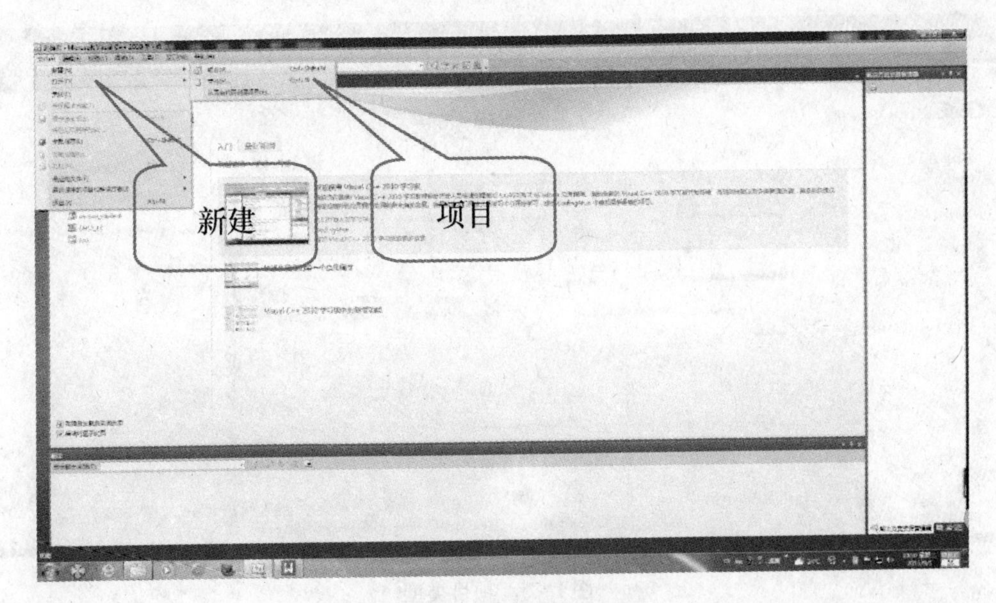

图 1－3　新建项目菜单

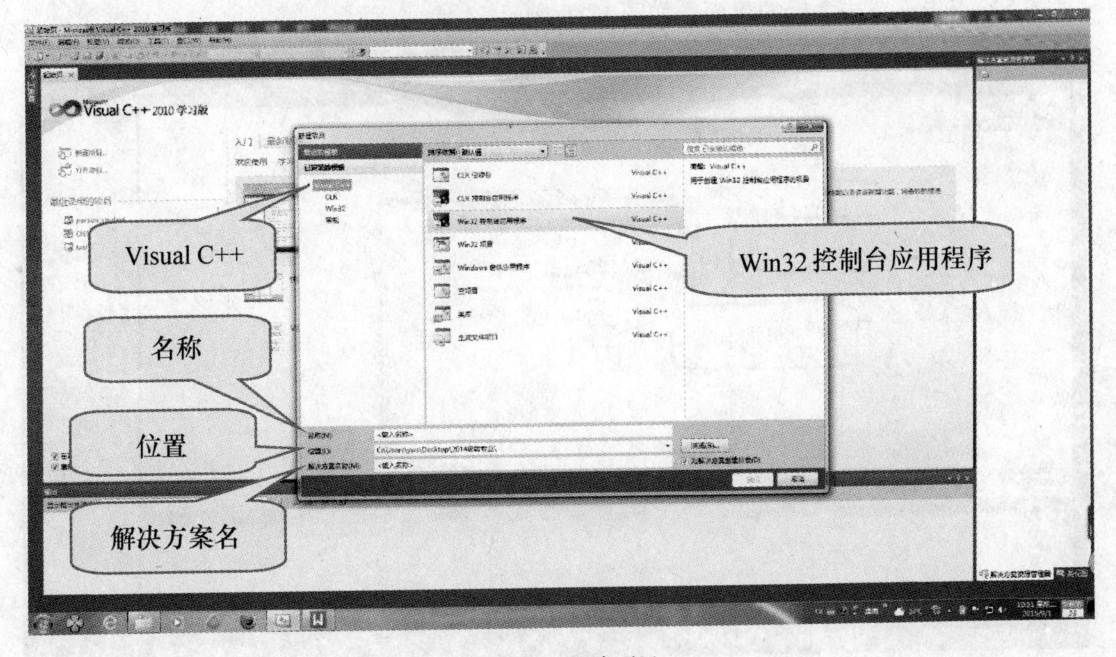

图 1－4　新建项目

④解决方案名称一般与工程名相同。如果要在一个方案中包含几个工程，则可以让解决方案名称与工程名称不同。建议选择右边的创建解决方案目录选项，这样 VS2010 将在位置文本框中指定的目录下创建一个解决方案文件夹，否则，就会在位置文本框中指定的目录下直接创建项目。

⑤最后，点击确定，进入下一个界面。

（4）工程名称设置后，点击确定的界面，直接点击下一步将出现项目类型显示界面，如图 1－5 所示。

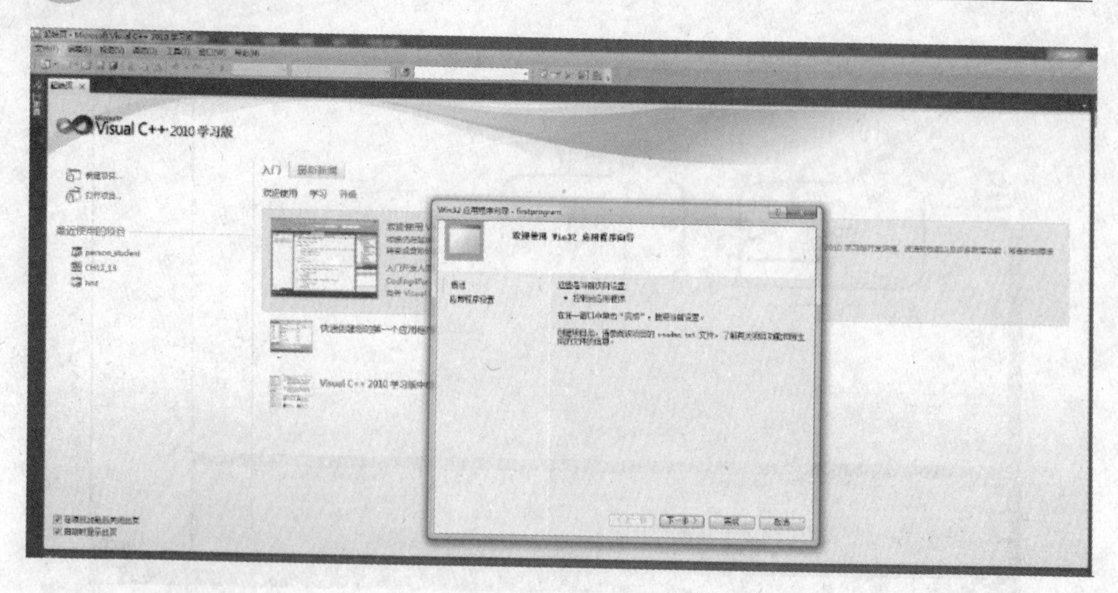

图 1－5　项目类型

（5）点击下一步之后的界面，如图 1－6 所示。

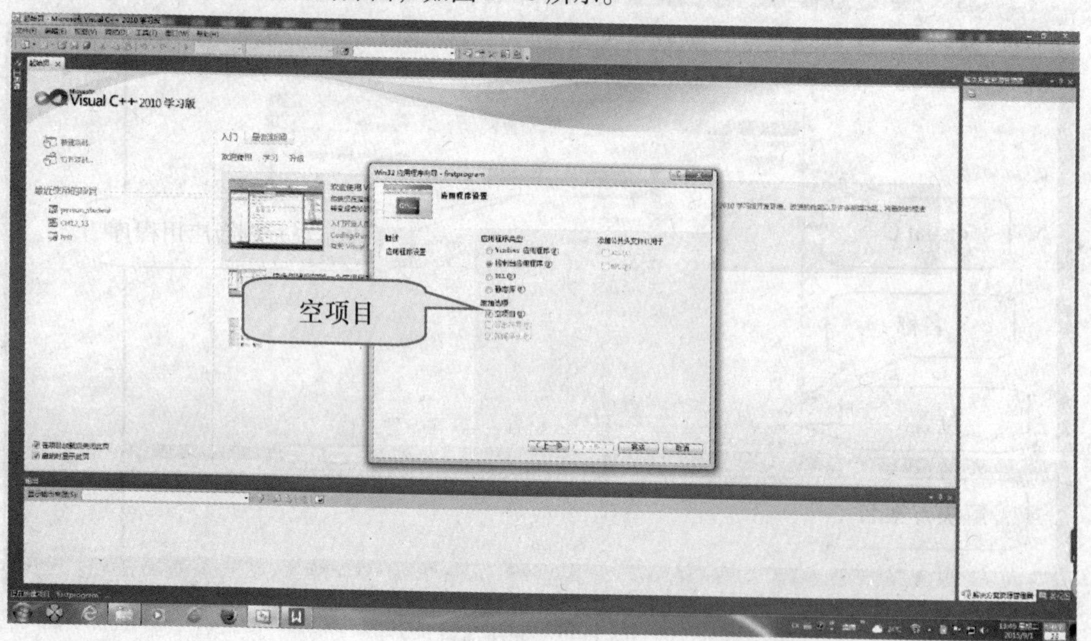

图 1－6　项目信息

在此界面中，选择空项目，使得 VS2010 创建一个没有任何代码的工程项目。否则，VS2010 会给工程项目自动添加一些代码。

点击完成后，将看到工程项目的界面，如图 1－7 所示。

（6）工程项目管理界面，如图 1－7 所示。

在此界面的工程项目名称上右击鼠标，显示如图 1－8 所示菜单窗口。

（7）右击添加文件的菜单窗口，显示如图 1－8 所示菜单窗口。

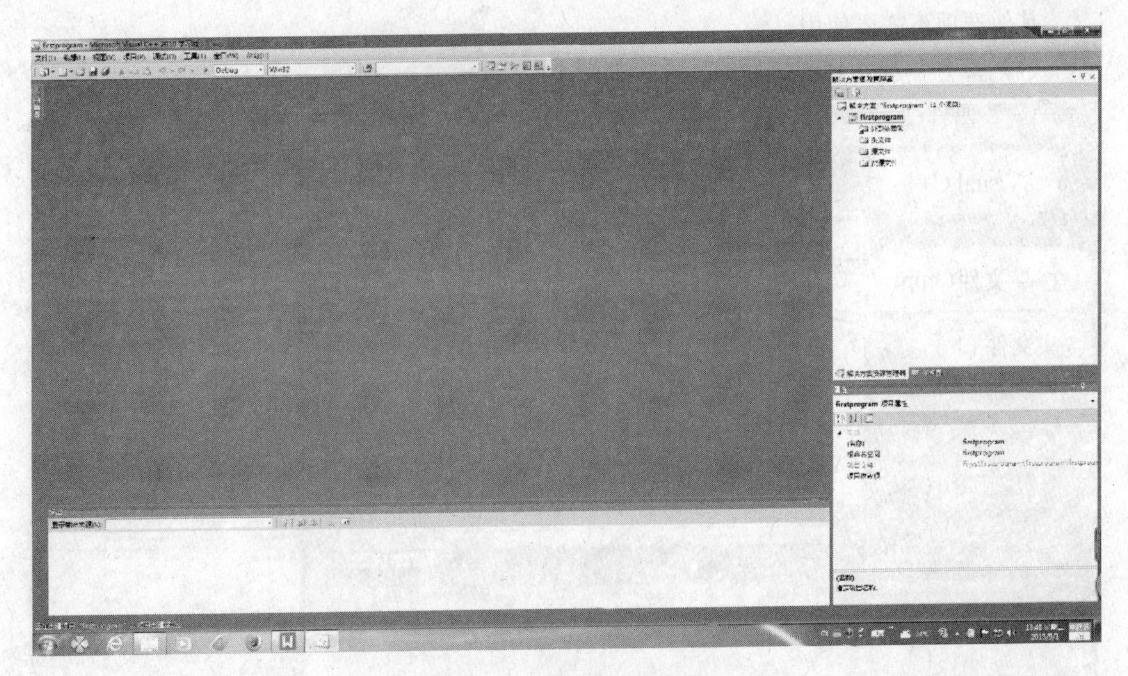

图1－7 工程项目管理界面

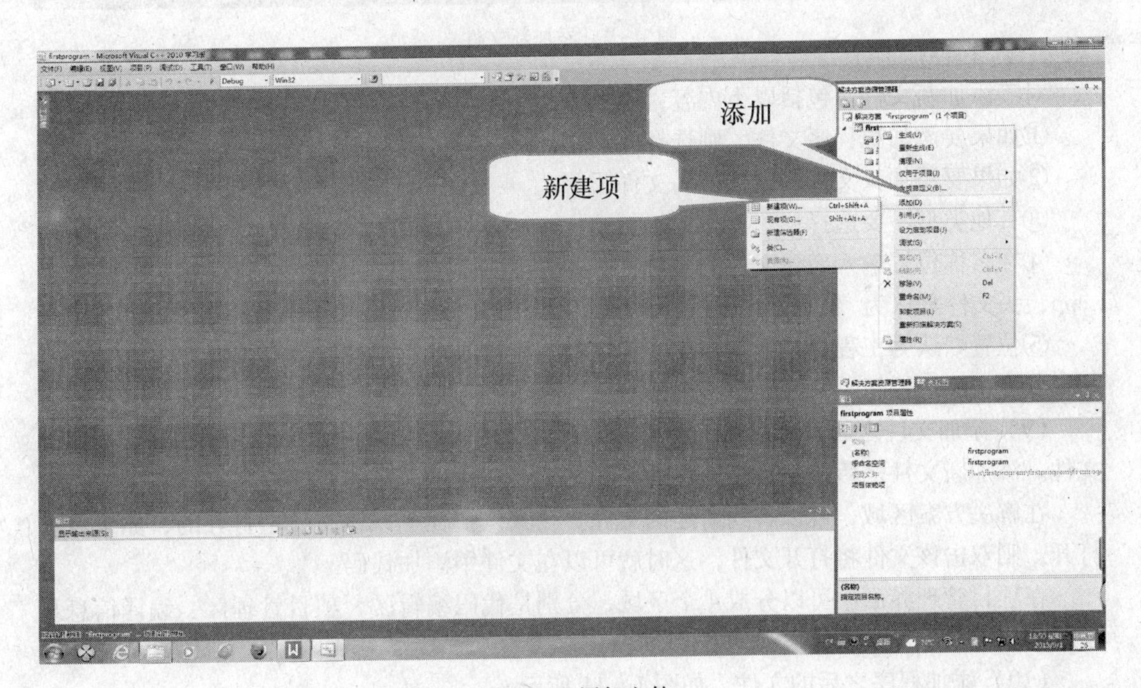

图1－8 添加文件

在此窗口中，有两种选择：

①选择添加＝》新建项：这时可以为工程项目添加新建的文件，可以是头文件，也可以是源程序文件。

②选择添加＝》现有项：可以将已有的程序文件添加到工程项目中。

其他选项不需要使用。

(8) 选择添加新建项之后的界面，如图 1－9 所示。

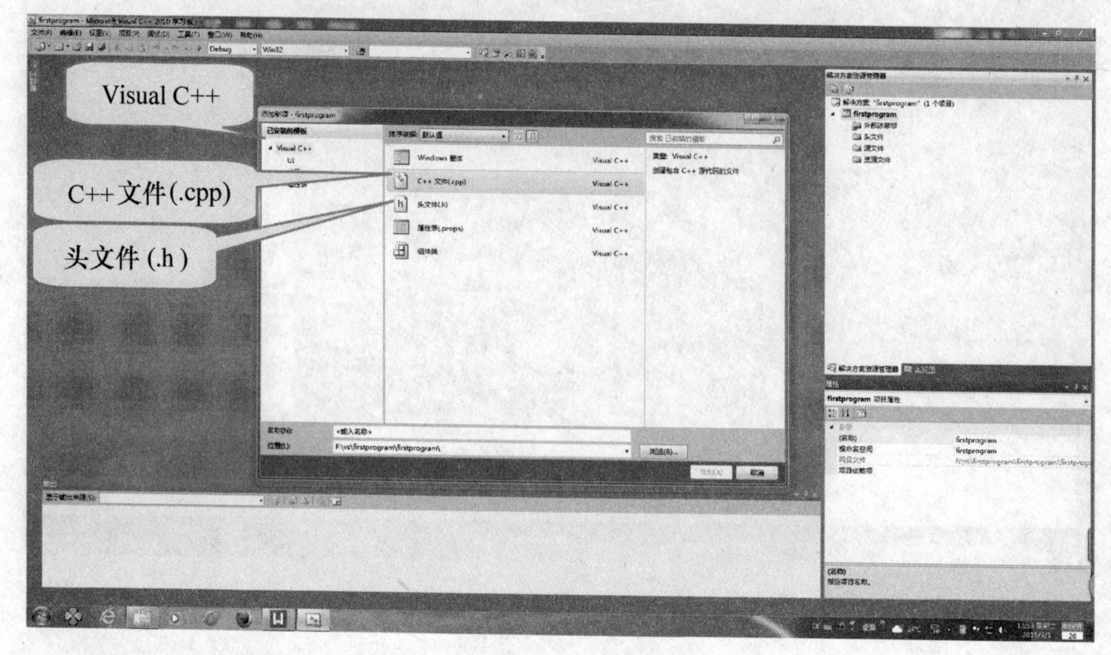

图 1－9 添加新文件

对于添加新文件。包括以下内容：

①如果要添加源程序文件，则选择 C ++ 文件；

②如果要添加头文件，则选择头文件；

③其他类型不要选择；

④在名称位置输入新建文件的名称，如果不添加后缀名，则 C ++ 源程序文件默认为 . cpp，头文件默认为 . h；

⑤位置默认为工程目录，新建文件保存在工程目录下。也可以改变位置为任何位置；

⑥点击添加按钮。

(9) 添加文件之后，可以在工程目录区看到文件，也可以在工程目录下找到新创建的文件。添加新文件之后的项目管理界面，如图 1－10 所示。

在解决方案区域，可以看到新建的文件。在默认情况下，该文件是打开的，如果没有打开，则双击该文件将打开文件，这时就可以在文件中添加代码。

在项目管理界面中可以分成 4 个区域，分别是代码编辑区、项目管理区、编译信息显示区和属性显示区。

(10) 添加程序之后的文件，如图 1－11 所示。

在此界面中，VS2010 默认的字体比较小。如果修改编辑窗口的字体大小，按住 ctrl，然后滚动鼠标的滚轮，就可以改变编辑窗口字体大小。

程序编写完成之后，点击调试＝》生成项目，即可在编译信息显示区看到编译信息。如果程序没有语法错误，则会自动生成可执行程序。如果程序有语法错误，则会给出错误信息。双击错误信息行，VS2010 即可定位到错误代码行。

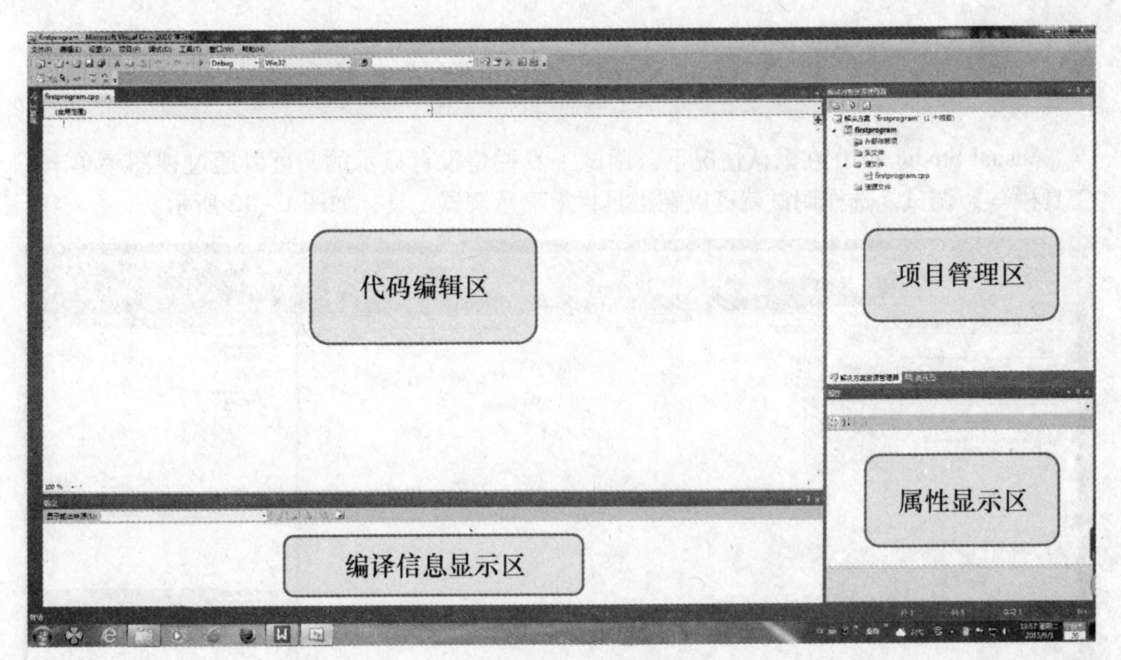

图 1－10　项目管理界面

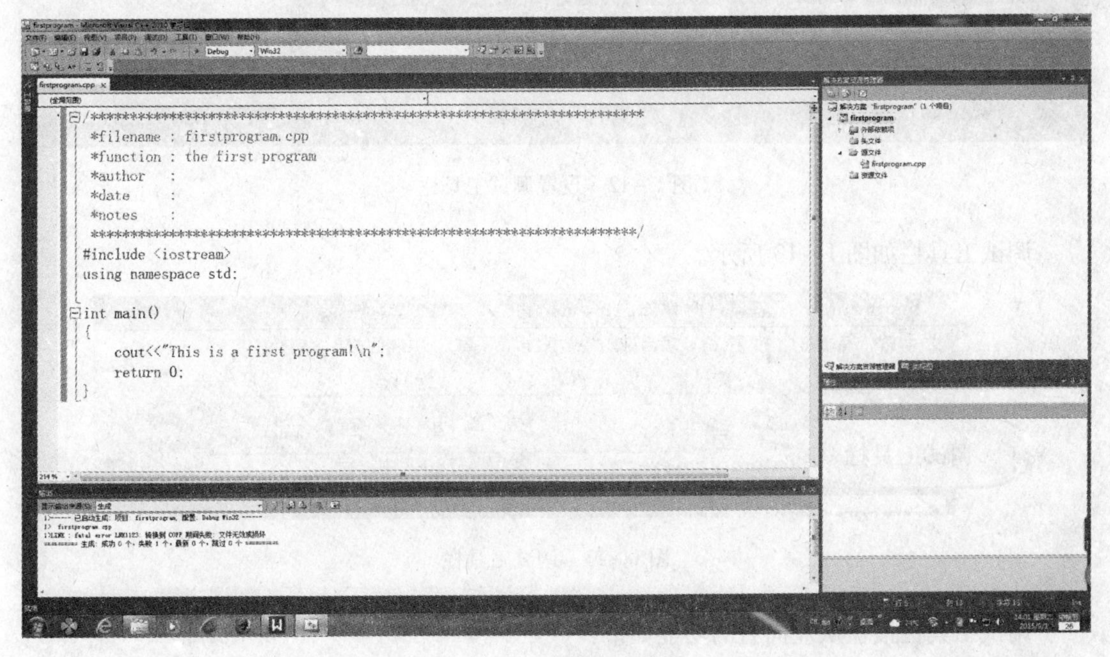

图 1－11　添加程序代码

如果编译程序后，在程序链接阶段出现如下错误信息：" LINK：fatal error LNK1123：转换到 COFF 期间失败：文件无效或损坏"，则可通过修改 VS2010 的设置参数解决。解决方法如下：

右击项目，选择项目属性＝》配置属性＝》连接器＝》清单文件＝》嵌入清单的属性“是”改为“否”。

1.4 Visual Studio 2010 调试工具介绍

Visual Studio 2010 在默认情况下，调试工具栏是没有显示的，可以通过视图菜单 =》工具栏 =》调试。选择调试就可以在工具栏上显示调试工具，如图 1 – 12 所示。

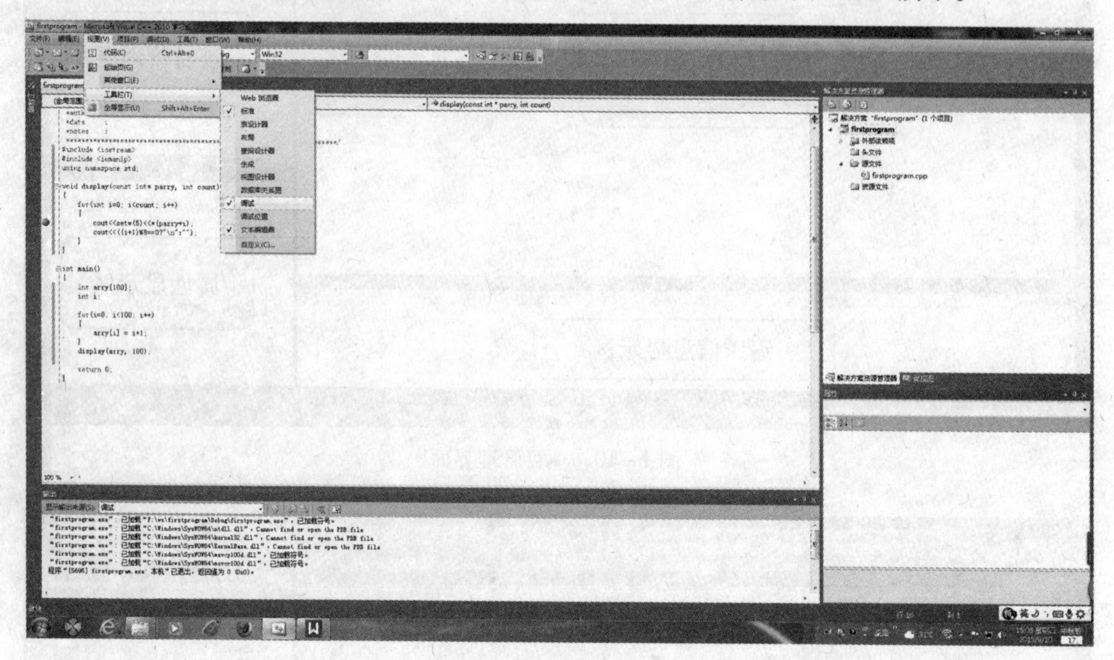

图 1 – 12 设置调试工具栏

调试工具栏如图 1 – 13 所示。

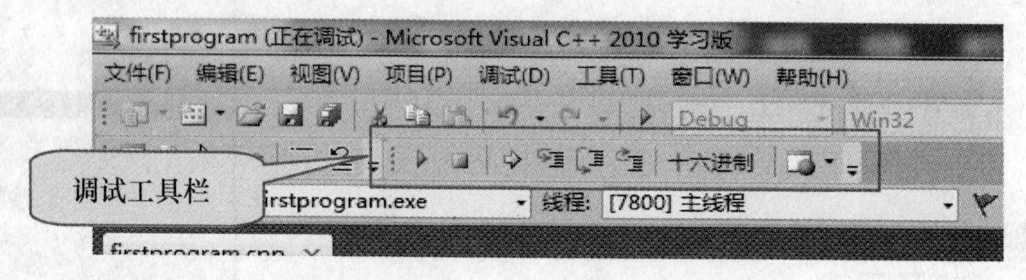

图 1 – 13 调试工具栏

调试工具栏按钮从左向右的功能如下：

启动调试：点击后，程序将运行到下一个断点。

停止调试：点击后，程序停止运行，退出调试状态。

全速运行：点击后，程序将一直运行到结束。

运行到函数里：点击后，程序将单步运行到函数里。这种方式可以用于单步调试。

单步运行：点击后，程序将运行一步，如果遇到函数调用语句，直接运行函数调用，不进入函数里面单步运行，而是跳到函数调用的下一条语句。

运行出去：点击后，从当前函数里运行到函数之外，程序停留在函数调用语句之后的一条语句等待运行。

设置断点：点击后，在当前光标所在行设置一个断点，设置断点的前提是光标必须在有效的语句行，也可以用鼠标在需要设置断点的行的窗口左边单击来设置断点。

1.5　C++程序单步调试实例

启动调试后，程序将直接运行到第一个断点处，此时，可以在 VS2010 中查看程序当前的状态、变量的值等，从而判断程序是否正确。调试界面如图 1-14 所示。

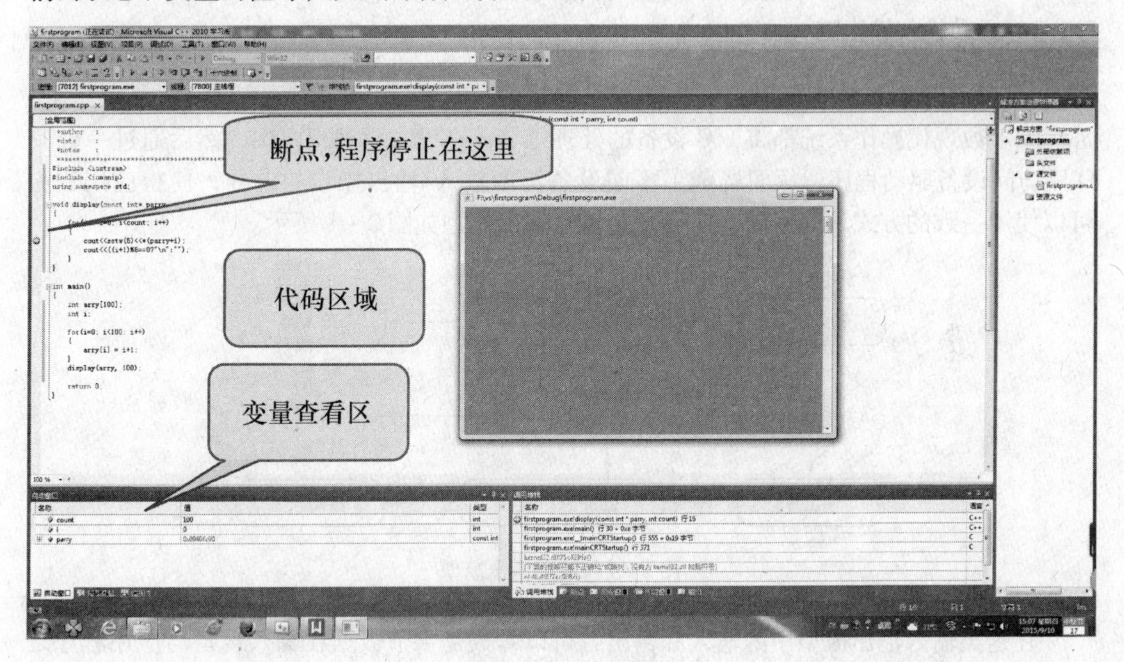

图 1-14　调试界面

在变量查看区域，可以查看当前程序中变量的值，也可以通过将变量添加到监视分页中来一直监视某些变量的值。默认是在自动窗口查看变量，自动窗口中的变量是 VS2010 自动添加的。

2 从 C 到 C ++

2.1 知识要点

2.1.1 标准输入输出流

2.1.1.1 输入输出模型

大多数现代操作系统都将 I/O 设备的处理细节放在设备驱动程序中，然后通过一个 I/O 库访问设备驱动程序，从而屏蔽了不同设备源的输入/输出操作的差异，使得应用程序可以使用一致的方式访问不同 I/O 设备。输入输出模型如图 2 - 1 所示。

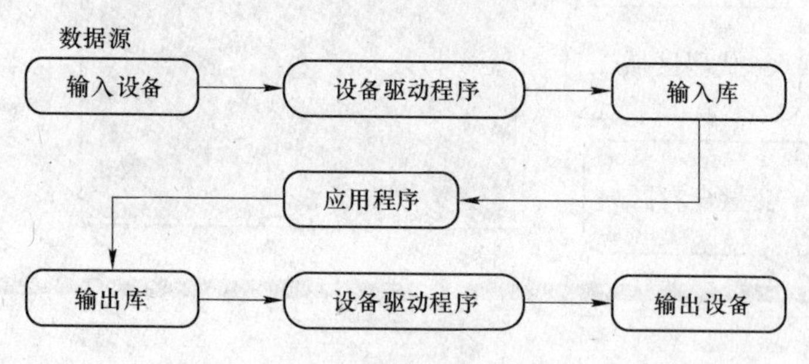

图 2 - 1　输入输出模型

在这类输入输出模型中的输入和输出，可以看成是字节数据在输入设备与应用程序之间或者应用程序与输出设备之间的流动，从而应用程序中数据的输入和输出就是对字节数据流的操作。

2.1.1.2 标准输入输出流

C ++ 标准库提供了两种数据类型来操作字节数据流，分别是：

（1） istream 流类：用于处理输入流，从设备读取数据到应用程序中；

（2） ostream 流类：用于处理输出流，将应用程序数据输出到设备中去。

C ++ 使用标准输入流类对象（cin）与提取运算符（ >> ）结合，实现从标准输入设备（键盘）输入数据，例如：

```
int ia;
double db;
cin >> ia >> db;
```

上面的语句允许用户从键盘输入一个整型数和一个实数。C ++ 中的输入流对象能自动识别用户输入的数据类型，如果输入数据的类型与接收输入的变量类型不匹配，则 cin 流类对象返回错误状态，从而无法继续进行数据输入。

使用标准输出流对象（cout）与插入运算符（ << ）结合，实现将数据输出到标准输出设备（屏幕），例如：

```
cout << ia << db;
```

上面语句将整型变量和 double 型数据输出到屏幕上。与 cin 流类一样，cout 流类对象能自动识别输出数据的数据类型，将数据正确地输出到标准输出设备。

C ++ 提供了对输出数据的格式控制，主要通过流状态标志实现。C ++ 的主要流状态标志如下：

（1）常用的流状态，如表 2 – 1 所示。

表 2 – 1 流状态

流状态符	含 义	特 性
showpos	为正数之前（包括 0）显示 + 号	持久，noshowpos 取消
showbase	为八进制数加前缀 0，为十六进制数加前缀 0x	持久，noshowbase 取消
uppercase	十六进制格式字母用大写显示（默认为小写）	持久，nouppercase 取消
showpoint	浮点输出，即使小数点后都为 0 也显示小数	持久，noshowpoint 取消
boolalpha	逻辑值 1 和 0 用 true 和 false 显示	持久，noboolalpha 取消
left	左对齐（填充字符在右边）	持久，right 取消
right	右对齐（填充字符在左边）	持久，left 取消
dec	十进制显示整数	持久，hex 或 oct 取消
hex	十六进制显示整数	持久，dec 或 oct 取消
oct	八进制显示整数	持久，dec 或 hex 取消
fixed	使用定点显示，精度为小数点之后数字个数	持久，scientific 取消
scientific	使用尾数和指数表示方式，尾数总在［1：10］之间，也就是小数点之前只有一个非 0 数字，精度为小数点之后的数字个数	持久，fixed 取消

例如：

```
cout << showpos << 12 << "   " << 34 << noshowpos << endl;      //输出：+12    +34
cout << hex << 18 << "   " << showbase << 16 << endl;           //输出:12      0x10
cout << dec << left << setw(5) << 5 << setw(5) << 6 << endl;    //输出:5    6
cout << right << setw(5) << 5 << setw(5) << 6 << endl;          //输出:    5    6
cout << showpoint << 12.0 << "   " << 13.0 << endl;             //输出:12.0000   13.0000
cout << 14.01 << "   " << 15.04 << endl;                        //输出:14.0100   15.0400
cout << fixed << 14.01 << "   " << 15.04 << endl;               //输出:14.010000   15.040000
cout << scientific << 14.01 << "\n";                            //输出:1.401000e+001
cout << 15.04 << endl;                                          //输出:1.504000e+001
```

（2）有参数的三个常用流状态。

有三个常用的流状态是带参数的，如表 2 – 2 所示。

表2-2 带参数的流状态

流状态	含 义	特 性
width(int)	设置显示宽度	一次性操作
fill(char)	设置填充字符	持久的，fill(' ') 取消
precision(int)	设置有效位数（普通显示方式）或精度（fixed 或 scientific 方式）	持久的

这三个有参数的流状态是流类的成员函数，需要由 cout 流对象调用才能使用。例如：

```
cout. width(6);
cout << 5 << endl;                       //输出:5
cout. fill('x');
cout. width(3);
cout << 6;
cout. width(4);
cout << 7 << endl;                       //输出:XX6XXX7
cout. width(4);
cout. fill(' ');
cout << 7 << endl;                       //输出:7
cout. precision(4);
cout << 12. 011234 << endl               //输出:12. 01
cout << fixed <<   13. 0212345 << endl;  //输出:13. 0212
```

在默认显示格式下，实数的精度是指其有效数字个数。在 fixed 显示格式下，实数的精度是指小数点之后的数字个数。Precision 设置精度是持久的，所以上面代码中倒数第 2 行显示为 12.01，只有两位小数，4 位有效数字，而最后 1 行显示 4 位小数。

(3) 与插入运算符（<<）连用的设置方式。

C++ 中提供了一种与 << 连用的方式，在使用此方式时，需要包含头文件 iomanip，如表 2-3 所示。

表2-3 与插入运算符连用的流状态

流状态	含 义	特 性
setw(int)	设置显示宽度	一次性操作
setfill(char)	设置填充字符	持久的，setfill(' ') 取消
setprecision(int)	设置有效位数（普通显示方式）或精度（fixed 或 scientific 方式）	持久的

例如：

```
cout << setw(5) << 5 << endl;                     //输出:5
cout << setfill('x') << setw(3) << 6;
cout << setw(4) << 7 << endl;                     //输出:XX6XXX7
cout << setfill(' ') << setw(4) << 7 << endl;     //输出:7
cout << setprecision(4) << 12. 011234 << endl;    //输出:12. 01
```

```
cout << fixed << 13.0212345 << endl;                    //输出:13.0212
```

2.1.2 数据类型

C ++ 兼容 C 语言的所有数据类型，包含 int、float、double、char 等基本数据类型及其扩展类型，此外，还提供了一个专门用于表达逻辑值的布尔类型，其关键字为 bool，取值为 true 和 false。

C 语言是通过宏定义来定义常量的，例如：

```
#define PI 3.1415
```

上面语句定义了符号常量 PI，表示字符串 3.1415。注意：这里的 PI 并不是实数 3.1415，而是字符串。C 语言中的符号常量是没有类型的，在实际使用时，也只是对程序中的符号进行替换。例如，上面的符号常量 PI，在预处理程序时，将程序中的所有不被双引号包含的独立的 PI 替换成字符串 3.1415，不做任何合法性检查。

C ++ 提供了一种与 C 语言完全不同的常量定义方式。C ++ 定义常量使用关键词：const。例如：

```
const int cia = 5;
const double cdb = 3.1;
const double cdPI = 3.1415;
```

上面语句定义了一个整型常量 cia，两个 double 型常量 cdb 和 cdPI。

C ++ 中的常量是有类型的，在程序中不可以改变的量。C ++ 常量具有以下特点：

（1）在程序中，常量是不可改变的量，所以不能作为左值使用；

（2）常量必须在定义时进行初始化。如果不初始化，就没有办法对其赋初始值。

C ++ 标准库还定义了一些有用的类型，如字符串类型（string）、向量（vector）等。string 类型是专门用来处理字符串数据的一种数据类型，比 C 字符串更加安全，操作更加方便。

2.1.3 名字空间

名字空间是 C ++ 中为了解决大型程序中名字命名冲突而采用的一种技术。名字空间通过关键词 namespace 来定义。例如：

```
namespace shape
{
    void function()
    {
    }
    //定义函数、类、全局变量等.....
}
```

上面代码定义了名字空间 shape，该名字空间里的所有函数、类等的使用都必须通过名字空间 shape 进行引用。使用名字空间有两种方式：

（1）在文件的开始部分使用如下语句，将名字空间对程序可见。

```
using namespace shape;
```

此时，名字空间 shape 对程序是完全可见的，名字空间不再起到缓解命名冲突的作用，程序中的所有标识符都必须与 shape 中的标识符不同。

(2) 在使用的位置通过名字空间引用函数、对象等。例如：在名字空间之外的程序中需要使用 shape 中的 function 函数，则调用语句为：

```
shape::function();
```

此时，名字空间 shape 的函数 function 对程序是不可见的，所以必须通过名字空间才能访问。

名字空间内部的程序使用时，不需要使用名字空间前缀。

C ++ 可以在不同文件中增加名字空间内的代码定义。C ++ 提供了标准库名字空间(std)，所有需要使用 C ++ 库的程序都需要声明该名字空间。

2.1.4 指针

指针是 C ++ 的一个主要内容，指针为 C ++ 提供了直接操作内存地址的能力，从而提高了程序的运行效率。C ++ 中的指针可以进行限定，主要有指针常量和常量指针两种方式。

(1) 指针常量：指针常量表示指针的指向不可改变的指针，具有常量的特点。其定义形式如下：

```
int ia,ib;
int * const pcia = &ia;      //定义了指针常量
pcia = &ib;                  //错误:cpia 的指向不可改变
```

指针常量的定义中，const 修饰的是指针本身，而不是指针所指向的对象。

(2) 常量指针：常量指针指不能通过指针改变所指对象的指针，只是限定了指针对所指对象的特性，并没有规定指针所指对象本身是常量，常量指针可以指向普通变量也可以指向常量。例如：

```
int ia,ib;
const int * cpia = &ia;      //定义了常量指针
 * cpia =5;                  //错:* cpia 间接访问时是常量,不可做左值
ia =5;                       //OK:ia 是变量,可以做左值
cpia = &ib;                  //OK:cpia 可以指向其他对象
int const * cpib;            //定义了常量指针
cpib = &ib;                  //OK:cpib 可以做左值
```

常量指针定义中的 const 位置可以在类型之前，也可以在类型之后。常量指针主要用于函数参数，对参数启动保护作用。

特别提醒：

(1) 指针在使用之前必须初始化，使用没有初始化的指针可能会产生无法预料的结果。指针是一把双刃剑，使用指针时要特别记住此原则。

(2) 不可以将没有限定的指针指向常量，因为指针所指向对象是常量，指针的间接访

问也一定是常量，不可以为左值，所以只有常量指针才可以指向常量。

2.1.5　引用

相对 C 语言而言，引用是 C ++ 新增加的一个概念，引用实际就是变量的一个别名，代表的就是变量。引用的定义形式如下：

```
int ia = 5;
int&   ria = ia;       //定义引用,引起目标为 ia
ria = 10;              //修改 ia 的值为 10
```

对引用的修改就是对其引用变量的修改，并且在使用形式上，引用与变量没有任何的差异。引用实际上实现为指针的形式，只是屏蔽了做为指针实现的地址操作，以直接操作形式完成对象的间接操作，使间接访问操作更加安全。引用具有如下特点：

（1）引用在定义时必须初始化，其初始化必须是一个具体的内存对象；

（2）引用一旦定义，就固定了引用与其引用对象之间的关联关系，在程序中不可以改变这种关联关系；

（3）引用不占有内存空间，定义引用不产生新的对象，这是与指针的区别之一。

引用也可以限定，例如：

```
int a = 5;
const int&   ra = a;   //定义常引用,ra 不可为左值
a = 10;                //OK
ra = 10;               //错:常引用不过为左值
```

上面代码中 ra 具有常量性质，不允许通过 ra 修改实体对象 a，但并不要求 a 必须是常量，这和常量指针相似。带限定的引用常用于函数参数传递，引用多用于高级编程，如应用程序开发，而指针多用于低级编程，如涉及硬件的驱动程序开发。

2.1.6　动态内存分配

C ++ 提供了 new 和 delete 两个运算符来实现动态内存分配和释放功能。new 运算符可以用于分配一个变量内存空间，也可以用于分配一个变量集合的内存空间。与 C 语言的 malloc（）函数相比，new 分配内存空间时，还会对分配的对象进行初始化，从而更加安全。

例如：

```
int * p1 = new int(5);          //分配一个整型变量,并初始化为 5
int * parry = new int[50];      //分配包含 50 元素的整型数组
delete p1;                      //释放单个变量
delete[]parry;                  //释放一个数组空间
```

2.1.7　函数重载

函数重载是 C ++ 为解决函数命名问题的另外一种技术。C ++ 中允许把功能相似，但处理数据不同的函数取相同的函数名，这就是函数重载。判定两个同名函数重载的三个条

件是：

（1）函数参数类型不同；

（2）函数参数个数不同；

（3）函数参数顺序不同。

上面三个条件只需满足一个，就认为两个同名函数是重载函数。

特别提醒：函数的返回值类型不能作为区分同名函数的条件，因为系统在匹配函数时只根据参数来匹配函数，而不关注函数的返回值。例如：

```
void fun(int);              //ok
void fun(double);           //ok
void fun(int,int);          //ok
void fun(int,double);       //ok
void fun(double,int);       //ok
int fun(int);               //错:与第一个函数冲突
```

C++按照下列三个步骤的先后顺序查找匹配函数并调用函数：

（1）寻找一个严格匹配的函数，如果找到了，就调用该函数；

（2）如果找不到一个严格匹配的函数，则通过相容类型隐式转换寻求一个匹配，如果找到了，就调用该函数；

（3）通过用户定义的转换寻求一个匹配，如果能找到唯一的一组转换，则调用该函数。

C++还允许设置函数参数的默认值，但函数参数设置默认值必须遵循以下规则：

（1）默认参数值只能在函数声明中设定，只有当程序中没有函数声明，默认值才可以在函数定义的头部设定；

（2）设定函数的默认参数值时必须按照从右向左的顺序设定，也就是设定了默认值的参数的右边参数都必须设定默认值。

2.1.8　内联函数

C++中的内联函数类似于带参数的宏定义，不过比带参数的宏定义更安全。内联函数的功能是编译器编译时，将函数体替换到内联函数调用语句位置，成为主调函数的语句。内联函数的定义形式如下：

```
inline void swap(int&a,int&b)
{
    //语句
}
```

定义内联函数的原则如下：

（1）只允许功能简单，包含语句较少的函数定义为内联函数；

（2）内联函数中不允许包含循环、分支语句。

内联函数有如下优点：

（1）增强了程序的可读性；

(2) 简化了程序代码的编写，对于需要反复使用的代码片段、使用内联函数形式，只需要定义一次就可以在任何地方调用；

(3) 提高了程序的运行效率。

内联函数的不足之处是如果程序中调用内联函数次数过多，会使得最终编译出来的程序字节数增加，因为在每个内联函数调用位置都被内联函数替换成了多条语句。

2.2 典型例题解析

典型例题解析如下：

(1) 下面对引用的描述中，错误的是（　　）

A. 引用是某个变量或对象的别名；

B. 建立引用时，要对其进行初始化；

C. 对引用初始化可以使用任意类型的变量；

D. 引用与其代表的对象具有相同地址。

解析：答案 C。

对引用初始化必须使用与引用类型一致的对象或变量。例如：int a =5；double&x = a；就是错误的，因为引用 x 的类型为 double，变量 a 的类型是整型，不允许让 x 引用 a。

(2) 下列关于设置函数参数默认值的描述中，正确的是（　　）

A. 对设置函数参数默认值的参数顺序没有任何限定；

B. 函数只有一个参数时，不能设置默认值；

C. 默认参数必须在函数的声明中设置，不能在函数定义中设置；

D. 设置默认参数可使用表达式，但表达式中不可以有局部变量。

解析：答案 D。

选项 A：设置函数参数默认值时，必须按照从右向左的顺序设置，也就是每个设置了默认值的参数的右边参数都必须设置默认值。

选项 B：设置函数参数默认值并没有对参数个数进行限制，就是只有一个参数也一样可以设置默认值。

选项 C：当只有函数定义时，默认参数就只能在函数定义中设置。

选项 D：设置默认参数可以使用表达式，但表达式必须是常量表达式。当然，表达式中不可以有局部变量，也不可以有全局变量。

(3) 下面说法正确的是（　　）

A. 所有函数都可以声明为内联函数；

B. 具有循环语句、switch 语句的函数不能声明为内联函数；

C. 使用内联函数，可以加快程序执行的速度，但会增加程序代码的大小；

D. 使用内联函数，可以减少程序代码大小，但使程序执行速度减慢。

解析：答案 B 和 C。

选项 A：并不是所有函数都可以声明为内联函数，选项 B 描述的函数就不能声明为内联函数，即使声明为内联函数，编译器也不会做内联函数处理。

选项 C：编译器对内联函数的处理就是用内联函数体语句替换内联函数调用语句，使得程序执行过程中少了函数调用过程，从而加快了程序的执行速度。因为使用函数体替换函数调用语句，会增加最后的程序代码大小，所以选项C是正确的，选项D是错误的。

（4）下面关于函数重载，描述不正确的是（　　）

A. 两个同名函数的参数个数不同，则是重载函数；

B. 两个同名函数的参数顺序不同，则是重载函数；

C. 两个同名函数的参数类型不同，则是重载函数；

D. 两个同名函数的返回值类型不同，则是重载函数。

解析：答案D。

判定两个同名函数是否为重载函数的依据是以下三个条件之一：（1）函数的参数个数不同；（2）函数的参数顺序不同；（3）函数的参数类型不同。只要满足这三个条件中的任何一个，则称同名函数为重载函数。函数的返回值类型不同，不能作为判定重载函数的依据。

（5）下面关于引用与指针描述正确的是（　　）

A. 有语句：int a，b；int * p = &a；则语句 p = &b 是让指针 p 指向变量 b；

B. 有语句：int a，b；int&　r = a；则语句 r = b 是让引用 r 引用实体变量 b；

C. 有语句：int a；int&　r = a；则引用 r 中存放的是变量 a 的地址；

D. 有语句：int a，b；int&　r = a；则引用 r 关联了实体变量 a，在程序中不可以改变这种关联关系，程序中对 r 的操作就是对实体变量 a 的操作。

解析：答案A和D。

选项A：指针变量是一个实体变量，在程序中可以改变其指向，p = &b 就是让指针 p 指向了变量 b。

选项B和D：引用是实体变量的别名，引用在定义时就必须初始化，以确定引用与实体变量的关联关系，这种关联关系一旦确定，以后就不允许改变。程序中对引用的操作就是对其引用实体的操作，r = b 实际是将 b 的值赋值给引用所引用的实体 a。

选项C：引用只是其引用实体的别名，不具有独立的内存单元。int&　r = a 只是确定了引用 r 与实体变量 a 的关联关系，并不是 r 存放了变量 a 的地址。

（6）编写一个函数，查找无序实型数组中的最大值和最小值，并计算其平均值，并测试该函数的正确性。

程序代码：

```
/*****************************************************************
File name   :  f0206.cpp
Description:  第2章典型例题分析第6题。
*****************************************************************/
#include <iostream>
#include <iomanip>

using namespace std;

void find_max_min_avg(const double * arry,int count,double&  max,
```

```
                        double&min,double&   avg)
{
    max = arry[0];
    min = max;
    avg = max;
    for(int i = 1;i < count;i ++ )
    {
        if(max < * (arry + i))
            max = * (arry + i);
        if(min > * (arry + i))
            min = * (arry + i);
        avg + = * (arry + i);
    }
}
int main()
{
    double arry[200];
    double max,min,avg;
    int count = 0;

    for(int i = 0;i < 200;i ++ )
    {
        cin >> arry[count];
        if(arry[count] < 0)
        {
            arry[count] = 0;
            break;
        }
        else
        {
            ++ count;
        }

    }
    find_max_min_avg(arry,count,max,min,avg);
    cout << "max:" << max
        << "\nmin:" << min
        << "\navg:" << avg
        << "\ncount:" << count << endl;

    return 0;
}
```

程序输入：

32 34 56 67 78 6.43 -1

输出结果：

max：78
min：6.43
avg：45.5717
count：6

函数 find_max_min_avg（const double * arry，int count，double& max，double& min，double& avg）的第一个参数使用常量指针作为函数参数，目的是防止在函数中修改 arry 指针所指向的内存数据。因为函数的功能只是查找数组数据，不应该改变数组的元素值。函数要求找出数组最大值和最小值，并计算平均值，也就是说函数调用需要获取三个计算结果。函数计算结果一般是通过 return 语句返回，但该语句只能返回一个结果，所以必须使用指针或引用为参数将结果输出到主调函数。另外，为了使得函数具有一定的通用性，查找数据的数组元素个数通过一个整型参数 count 来指定。

（7）现有文本文件 data.txt，存放了不超过100整型数，请编写程序完成如下功能：

①编写一个函数，读取文件中的所有整数，并输出到屏幕上，要求每个整数占6列，每行输出8个整数；

②编写一个函数，找出整数中的所有素数，并输出到屏幕上，输出格式要求与①相同；

③编写一个函数，将②找出的所有素数输出到文件 result.txt 中，输出格式要求与①相同；

④编写测试程序。

程序代码：

```
/ ****************************************************************
File name   :   f0207.cpp
Description:   第2章典型例题分析第(7)题。
**************************************************************** /

#include < iostream >
#include < fstream >
#include < sstream >
#include < string >
#include < iomanip >
using namespace std;

/ ****************************************************************
Function:   read_data
Description:从指定的文本文件中读取整数
Parameter:  string filename:文件名
```

```
        int * arry:存放整数的数组
Return:     整数个数
Others:
*********************************************************************/
int read_data(const string&  filename,int * arry)
{
    ifstream in(filename.c_str());//定义输入文件流对象,并打开文件
    if(! in)//判断文件打开是否成功
    {
        cout << "Can't open the file:" << filename << endl;
        exit(0);
    }
    //读取数据
    int count = 0;
    string str;
    while(getline(in,str))
    {
        istringstream sin(str);
        int temp;
        while(sin >> temp)
        {
            arry[count ++] = temp;
        }
    }
    return count;
}

/*********************************************************************
Function:   print
Description:向屏幕输出一个整数数组,每个整数占6列,每行输出8个整数
Parameter:  int * arry:存放整数的数组
  int num:  数组元素个数
Return:     void:无返回值
Others:
*********************************************************************/
void print(int * arry,int num)
{
    for(int i = 0;i < num;i ++)
    {
        cout << setw(6) << arry[i];
        if((i + 1)%8 == 0)
            cout << endl;
    }
```

```
}

/***************************************************************
Function:   print
Description:将整数数组元素输出到指定的文本文件中,每个整数占6列,每行输出8个整数
Parameter:  int * arry:存放整数的数组
            int num:数组元素个数
            string filename:文件名
Return:     void:无返回值
Others:
***************************************************************/
void print(int * arry,int num,const string&  filename)
{
    ofstream out(filename.c_str());
    if(! out)
    {
        cout << "Can't open the file:" << filename;
        exit(0);
    }
    //输出数据
    for(int i = 0;i < num;i ++)
    {
        out << setw(6) << arry[i];
        if((i+1)% 8 ==0)
            out << "\n";
    }
}
/***************************************************************
Function:   IsPrime
Description:判断一个整数是否为素数
Parameter:  int num:数组元素个数
Return:     bool:true:是素数;false:不是素数
Others:
***************************************************************/
bool IsPrime(int num)
{
    int sqrtnum = (int)sqrt((double)num);
    int i;
    for(i = 2;i < = sqrtnum;i ++)
    {
        if(num% i ==0)
            break;
    }
```

```
    if(i > sqrtnum)
        return true;
    else
        return false;
}

/ ****************************************************************
Function:    find_all_primes
Description:找出整数数组中的所有素数,并保存到另外一个数组中
Parameter:   int * orgarry:存放整数的数组
             int num:    数组元素个数
             int * resultarry:素数数组
Return:      int:素数数组的元素个数
Others:
**************************************************************** /
int find_all_primes(int * orgarry,int num,int * resultarry)
{
    int count =0;
    for(int i =0;i < num;i ++ )
    {
        if(IsPrime(orgarry[i]))
        {
            resultarry[count ++ ] = orgarry[i];
        }
    }
    return count;
}

/ *  test program ------------------------------------------------ * /
int main()
{
    string file = "data.txt";
    int arry[100];
    int result[100];    //素数数组
    int num,primenum;

    num = read_data(file,arry);
    cout << "文件中的数据为:\n";
    print(arry,num);
    cout << "\n";
    primenum = find_all_primes(arry,num,result);
    cout << "所有素数为:\n";
    print(result,primenum);
```

```
    cout << "\n";
    //输出素数到文件中。
    file = "result.txt";
    print(result,primenum,file);

    return 0;
}
```

文本文件内容：

```
12 13 14 15 19 23
22 25 27 31
33 37 38
101 121 131 141 171 181 191
212 213 215 217
313 315 317
421 423 434 435
```

输出结果：

文件中的数据为：

```
12   13   14   15   19   23   22   25
27   31   33   37   38   101  121  131
141  171  181  191  212  213  215  217
313  315  317  421  423  434  435
```

所有素数为：

```
13   19   23   31   37   101  131  181
191  313  317  421
```

解析：

int read_data（const string& filename，int * arry）：第一个参数为保存整数数据的文件名，其类型为 string 类型，使用常引用作为函数参数有两个好处：其一，引用作为参数实际传递的是 string 类对象 filaname 的地址，能提高参数传递的效率；其二，常引用限定参数 filename 在 read_data 函数中是一个常量，起到了保护参数的功能。返回值 int 表示了从文件中读取的整数个数，这样使得函数具有一定的通用性，可以用于读取任意多整数的文件。

在 read_data 函数中，getline( ) 函数每次读取文件的一行数据，当读取完最后一行数据之后，再次读取数据时就会导致读取失败，从而退出数据读取循环。每次读取一行整数后，使用字符串输入流 istringstream 来分离读取数据行中的整数。字符串流提供了内存数据的输入输出功能，与文件流的功能类似，只是字符串流的输入源和输出源都是一块内存缓冲区（字符串数据区)。使用字符串输入流从内存读取整数时，读完最后一个整数之后，再次读取整数时会导致读取失败，从而不再读取数据。字符串输入流可以从内存读任何类型的数据，输出流可以将任何类型数据输出到内存。

void print(int * arry, intnum) 和 void print(int * arry, intnum, conststring& filename)函数都是用于输出整数数组的函数，只是前者是将整数数组输出到屏幕，后者是将整数数组输出到文件。两个函数的函数名相同，但参数个数不同，所以是重载函数。因为两个函数的功能相同，设计为重载函数更容易理解和使用。另外，两个函数的第二个参数表示整数数组的元素个数，这样使得函数具有一定的通用性，可以用于输出任意大小的整数数组。

2.3 基础知识练习

基础知识练习如下：

(1) 有一个枚举类型的定义语句：enum S {T1, T2, T3, T4 = 50, T5}；则关于枚举符的取值，以下正确的是（ ）

A. T1 = 47, T5 = 51； B. T1 = 0, T5 = 4；
C. T1 = 0, T5 = 51； D. 值不确定。

(2) 以下关于 C++ 中标准输入输出流描述正确的是（ ）

A. 使用标准输入输出流时不需要包含任何头文件；
B. 使用标准输入输出流时必须包含 stdio.h 头文件；
C. 使用标准输入输出流时必须包含 std 名空间下的 iostream 头文件；
D. 使用标准输入输出流时必须包含 std 名空间下的 iomanip 头文件。

(3) 标准输出流控制显示格式的操作中，以下不属于状态机制的为（ ）

A. showpos； B. hex；
C. left； D. setw。

(4) cin 输入流在完成多个数据的键盘输入操作时，不可以被作为数据输入分隔符的是（ ）

A. 1 个或多个空格； B. 1 个或多个回车；
C. 1 个或多个逗号； D. 1 个或多个水平垂直制表符（TAB）。

(5) 下列关于文件输入输出流的叙述中，正确的是（ ）

A. 在创建文件输入或输出流的过程中，默认的文件打开形式为二进制形式；
B. 如果需要将一个 int 型数据输出到二进制文件流中去，可以使用 << 流输出符来完成相应操作；
C. 如果需要将一个 int 型数据输出到文本文件流中去，可以使用 << 流输出符来完成相应操作；
D. 在将一批数据输出到文本文件流中去，不可以控制输出格式。

(6) 下列关于字符串输入输出流的叙述中，正确的是（ ）

A. 如需使用字符串输入输出流，只要包含 std 名空间下的 string 头文件即可；
B. 字符串输入输出流的作用是完成字符串数据和文件之间的输入输出过程；
C. 字符串输入输出流的作用是完成字符串和其中所包含的数据之间的输入输出过程；
D. 只有字符串输入流，没有字符串输出流。

（7）有以下代码（　）

```
string s;
while(cin >> s);
cout << s;
```

如从键盘上输入：Hello，how are you?
则正确的显示结果为：

A. Hello，how are you?　　B. you?
C. Hello;　　D. 显示结果不确定。

（8）以下关于C++中string的描述或代码片段中正确的是（　）
A. string s1 = "abc"，s2 = "xyz"；s2 + = s1；
B. string对象在创建时必须提供初始值；
C. string对象不允许进行直接赋值操作；
D. string对象在进行比较时必须使用strcmp函数。

（9）关于string对象的初始化，以下错误的形式是（　）
A. string t = "abc"；　　B. string t（"abc"）；
C. string t（15，'abc'）；　　D. string t = 'a'。

（10）以下代码片段错误的是（　）
A. char * s；s = "OK"；　　B. char s［20］= "OK"；
C. string s；s = "OK"；　　D. char * s；strcpy（s，"OK"）。

（11）有以下变量定义语句（　）

```
int   a,b;
const   int c = 3;
const   int   * ap = &a;
```

则以下语句中错误的为：
A. ap = &b;　　B. a = 3;
C. * ap = 3;　　D. ap = &c。

（12）在C++中，当为一个变量定义引用时，下面描述中正确的是（　）
A. 引用本身也要占用存储空间；　　B. 引用存储变量的地址；
C. 引用和变量之间没有任何关系；　　D. 引用的类型必须与变量类型一致。

（13）在C++中，针对如下程序片段，下面描述中正确的是（　）

```
void num(const int   &a)
{
    …
}
void main()
{
    int x = 7;
    …
    num(x);
    …
}
```

A. 实参 x 将值传递给了形参 a；

B. 实参 x 将其地址传递给了形参 a；

C. 在被调用的 num 函数中为实参 x 建立了名为 a 的 const 引用；

D. 形参 a 在函数 num 调用开始后即在内存中占用相应空间，并在函数执行过程中此空间的地址和其中存储的数值都不能发生变化。

（14）关于语句 const int& r = 3；以下理解正确的是（　　）

A. 定义了一个普通变量 r，其值等于 3；B. 定义了一个常量引用，其值等于 3；

C. 定义了一个指针变量 r，其值等于 3；D. 以上语句存在语法错误。

（15）如果某 C ++ 函数的返回值类型为引用形式，下面描述中正确的是（　　）

A. C ++ 函数的返回值类型不允许是引用形式；

B. 不允许返回该函数的局部自动变量；

C. 仍然需要通过临时变量的过渡来实现返回；

D. 在主调函数中建立了对函数返回值的引用。

（16）有关函数重载的正确说法是（　　）

A. 函数名不同，但参数的个数类型相同；

B. 函数名相同，参数的个数和类型也相同；

C. 函数名相同，但参数的个数不同或参数的类型不同；

D. 函数名相同，函数的返回值不同，而与函数的参数和类型无关。

（17）下面 4 个选项中，不是 void fun(int x) 函数的重载函数是（　　）

A. int fun(int a, int b)；　　B. void fun(int x, int y)；

C. int fun(int y)；　　D. float fun(double a, int b = 5)。

（18）有以下两个重载函数的声明形式如下：void fun(long int) 和 void fun(double)。在此基础上，如某函数调用形式为 fun(3)；则以下描述正确的是（　　）

A. 将匹配成功 void fun(long int) 函数，但不能匹配 void fun(double) 函数；

B. 将匹配成功 void fun(double) 函数，但不能匹配 void fun(long int) 函数；

C. void fun(double) 函数和 void fun(long int) 函数都能匹配成功，因此将导致编译错误；

D. 将自动创建一个 void fun(int) 函数。

（19）下列关于函数参数缺省值的描述正确的是（　　）

A. C ++ 中的函数不可以设置函数参数缺省值；

B. 若要设置函数参数缺省值必须所有参数都设置；

C. 在对函数部分形式参数设置默认值时，有缺省值的参数在左侧，无缺省值的参数在右侧；

D. 设置函数参数缺省值，可以在函数定义中，也可在函数声明中。

（20）有函数声明 int f(int x, int y = 5, int z = 6, int k = 7)；则调用该函数至少需提供参数个数（　　）

A. 1；　　B. 2；

C. 3；　　D. 4。

(21) 有关函数重载的正确说法是（　　）

A. 函数重载是面向对象语言静态多态性的一个体现；

B. 可以根据函数返回值的不同，进行重载；

C. 重载函数之间函数名称可以不相同；

D. 通过函数重载可以加快程序的运行速度。

(22) 下列关于C++中函数重载和函数参数默认值的描述中，不正确的是（　　）

A. 在某种情况下，函数参数默认值可以使用函数重载来等效替代；

B. 在某种情况下，函数重载可以使用函数参数默认值来等效替代；

C. 若两个函数的具体实现过程相差较大，一般情况下使用函数参数默认值来实现比较合适；

D. 若两个函数的具体实现过程相差较大，一般情况下使用函数重载来实现比较合适。

(23) 引入名空间后，如需完整地表达一个类的名称，应该使用名空间作为前缀，并在名空间和类名之间使用运算符（　　）

A. .（圆点）； B. :（冒号）；

C. ::（两个冒号）； D. &。

(24) 对于使用 using namespace abc；的叙述正确的是（　　）

A. 防止产生冲突；

B. 可以增强程序的可读性；

C. 在后续程序中如使用abc中的内容，可省略前缀abc；

D. 不用这条语句，将无法访问abc中的内容。

(25) 设va是vector <int>类型的向量。则下列程序中变量x的作用域为（　　）

```
for(int x = 0;x < a.size();x ++)
{
    …
}
```

A. 其他选项都不对； B. 仅限该循环中有效；

C. 这种定义方法是错误的； D. 从定义开始一直有效，直至所在函数结束。

(26) 设va是vector <int>类型的向量，现有如下程序段：

```
for(int i = 0;i < va.size();i ++)
{
    cout << ::abs(va[i] << endl;
}
```

其中，:: abs() 函数调用的含义是（　　）

A. 此表述方法有语法错误；

B. 调用std名空间中的abs函数；

C. 调用用户自定义名空间中的abs函数；

D. 调用不属于任何名空间的全局函数abs。

（27）以下关于 C ++ 中向量的描述中正确的是（ ）

A. C ++ 中的向量和 C 语言中的数组完全相同；

B. 向量在使用时不需要包含任何头文件；

C. 向量在定义时必须指定其长度；

D. 向量在使用过程中其长度可以变化。

（28）以下正确的向量定义形式为（ ）

A. vector < int > a; B. vector < int > a[10];

C. vector a(10); D. vector a[10]。

（29）如下 C ++ 程序的正确运行结果为（ ）

```
#include <iostream>
#include <vector>
using namespace std;
void fun(vector <int> a)
{
    int i;
    for(i = 0;i < a.size();i ++)
    {
        a[i] = (i + 1) * 10;
    }
}
void main()
{
    int i;
    vector <int> t(5,1);
    fun(t);
    for(i = 0;i < t.size();i ++)
    {
        cout << setw(10) << t[i];
    }
    cout << endl;
}
```

A. 1 1 1 1 1; B. 5 5 5 5 5;

C. 10 20 30 40 50; D. 0 10 20 30 40。

（30）如果有以下向量定义语句：

```
vector <int> a;
```

针对该向量，进行如下操作：

```
for(i = 0;i < 10;i ++)
    a[i] = 10 * i;
```

在上述操作结束后，向量的元素个数为（ ）

A. 10； B. 由系统决定具体个数，但肯定超过10；

C. 0； D. 程序死机。

（31）如果有以下向量定义语句：

```
vector<int> a(10,2),b(10,3);
```

下列关于关系运算表达式 a == b 操作描述正确的是（ ）

A. 两个向量不允许进行是否相等的关系运算；

B. 两个向量在进行是否相等运算时，仅仅是比较向量的实际元素个数，因此上述表示式运算结果为true；

C. 两个向量在进行是否相等运算时，是比较向量数据类型、实际元素个数以及各元素值是否相等（同），因此上述表示式运算结果为false；

D. 两个向量在进行是否相等运算时，是比较向量的名字是否相同，因此上述表示式运算结果为false。

2.4 实验练习

2.4.1 实验一：输入输出

实验目的：

学习C++的输入输出方法，了解输入输出格式控制方式；熟悉简单的文本文件读写方法；学习C++程序设计的基本方法。

实验内容：

实验内容具体如下：

（1）构建一个包含50个整数的文本文件，整数之间用空格分隔。请完成如下功能：

①从文件中读取所有整数，并输出到屏幕上，输出格式要求每行输出5个整数，每个整数占5列，右对齐。

②选择50个整数中，包含数字3或者5的所有整数，并按照从小到大排序，然后输出到屏幕上，格式要求每行5个整数，每个整数占5列，左对齐。

③对前面排序的整数输出到文本文件：result. txt，格式要求每行5个整数，每个整数占5列，右对齐。

（2）编写一个函数，从键盘输入一个双精度实数，然后输出到屏幕，要求按照包含2位小数、包含6位小数、科学计数法形式输出两种形式输出，每次输出占一行。

拓展思考：

2-1 思考程序设计时，函数的作用？如何根据问题功能划分函数？

2-2 思考输出时，实数的精度控制方法。

2-3 实验题2-1中，如果整数个数不确定，该如何读取文件数据？如何定义数据结构？

2-4 思考读文本文件时，如何判断已经读到文件末尾？有哪些判断方法？

2.4.2 实验二：引用与指针

实验目的：

学习指针的限定意义，引用的作用以及引用作为函数参数的原理。

实验内容：

实验内容如下：

（1）编写一个函数，实现 C－字符串的拷贝操作，并测试函数功能是否正确？函数原型如下：

```
char * MyStrCpy( char * target,const char * source) ;
```

（2）构建一个不超过 50 个实数的文本文件 data. txt，完成如下功能：

①编写一个函数，读取 data. txt 中的所有实数。

②编写一个函数，找出所有实数的最大值、最小值和平均值，并在 main 函数中输出三个值，要求每个值占一行。要求用指针和引用分别实现该函数。

拓展思考：

2－5　指针与引用作为函数参数的参数传递原理？

2－6　引用和指针的区别和共同点有哪些？

2.4.3 实验三：函数重载

实验目的：

理解函数重载和带默认参数值的概念以及使用方法。

实验内容：

实验内容如下：

构建三个文件，分别包含不超过 50 个整数、实数（float 或 double）、字符串的文本文件 data_int. txt，data_double. txt，data_string. txt，其中，字符串长度不超过 100 个字符。编写程序完成如下功能：

（1）编写三个 ReadData( ) 函数，分别读取三个文件中的所有数据。

（2）针对三类数据分别编写 Display( )，整数输出要求默认每行输出 8 个整数，每个整数占 5 列；实数输出要求默认每行输出 6 个实数，每个实数含 3 位小数；字符串输出要求每行输出一个字符串。

（3）测试输出时：

①整数输出：a. 默认格式输出一次；b. 每行输出 5 个整数，每个整数占 8 列输出一次。

②实数输出：a. 默认格式输出一次；b. 每行输出 4 个实数，每个实数含 5 位小数输出一次。

拓展思考：

2－7　思考程序如何区分同名函数重载的函数调用？

2－8　思考函数重载和默认参数值函数的区别，何时使用函数重载？何时使用默认参数值的函数？

3 类和对象（1）

3.1 知识要点

3.1.1 类和对象

学习面向对象程序设计首先应该理解好类与对象的区别和联系。类是一个抽象的概念，是用于描述一类事物的概念类型。对象是类的实体，指类所描述的事物集合中的某个实体，是具体的事物。例如：

int 表示所有整数，是一种类；用 int 定义的整型变量 a 就是一个整型对象。

刀是一个概念，是一种类，描述了所有刀；而厨房的一把菜刀就是一个具体的对象，是一把具体的刀。

int、double 等类型是 C ++ 自定义的内部数据类型，C ++ 提供了程序设计人员自定义类型的功能。

类的定义形式：

```
eg:class CBook
{
  private:
      //数据成员 or 成员函数
  public:
      //成员函数 or 数据成员
  };
```

注意以下几点：

（1）C ++ 中类定义的关键词：class。

（2）类定义的所有内容用一对“{}”包围。

（3）右“}”后面的分号（;）不能省略，是类定义的结束标志。

（4）类成员有三种访问权限，分别是：

①private：只有类的成员函数、友元函数可以访问；

②protect：类的成员函数和派生类、友元函数可以访问；

③public：类的成员函数和外部函数、外部类、友元函数可以访问。

（5）有两种类成员：数据成员和成员函数，类成员定义为三种访问权限的任何一种，但一般将数据成员定义为私有成员。

3.1.2 成员函数

类的成员函数是专门用于操作类数据成员的函数，是类对外部的通信接口。类的成员函数可以在类定义内部定义，也可以在类外定义。成员函数如果在类外定义，则必须指定函数的类域。例如：

（1）类内定义成员函数形式：

```
class CBook
{
private:
    string m_BookName;
    string m_AuthorName;
    double m_price;
public:
    void SetData( string&book,string&author,double price)
    {
        m_BookName = book;
        m_author = author;
        m_price = price;
    }
    //其他成员函数
};
```

在类内定义成员函数有两个缺点：1）会导致类急剧壮大，降低类的可读性；2）无法隐藏类接口的实现代码，不利于知识产权的保护。因为这些缺点，C++建议将成员函数的定义与类定义分开。

（2）类外定义成员函数形式：

```
class CBook
{
private:
    string m_BookName;
    string m_AuthorName;
    double m_price;
public:
    void SetData( string&book,string&author,double price);
    //其他成员函数
};
void CBook::SetData( string&book,string&author,double price)
{
    m_BookName = book;
    m_author = author;
    m_price = price;
}
```

成员函数在类外定义时，一定要指明成员函数所属类域，否则编译器会把成员函数当成普通全局函数编译，从而导致编译错误。

（3）成员的运行方式。类的所有非静态成员函数都需要绑定到具体对象才能运行，并且成员函数操作的数据就是其所绑定对象的数据成员。成员函数绑定对象都是通过隐含成员 this 指针来实现的。例如：

```
CBook  book;
book.SetData("C++","钱能",39.00);
```

CBook 的 SetData() 函数绑定到了对象 book 之后，才可以通过对象调用该成员函数，并且成员函数操作的数据就是将参数数据赋值给 book 对象。

（4）常成员函数。常成员函数是一种不会修改所绑定对象属性值的成员函数，其定义形式如下：

```
class CBook
{
private:
    //数据成员
public:
    double getPrice()const;      //常成员函数
    //其他成员函数
};
double CBook::getPrice()const
{
return m_price;
}
```

常成员函数在类内声明和在类外定义时，都需要在函数小括号后面增加关键词 const。常成员函数可以避免由于设计人员编写代码时错误地修改对象而引起的操作结果错误，将这类逻辑错误限定在编译阶段，方便了程序代码的调试。C++建议将所有能设计成常成员函数的成员函数都设计成常成员函数。

特别注意：由于编译器对常成员函数的处理方式，C++要求常成员函数内部不得调用任何非常成员函数。无论是直接调用还是间接调用都不行。

3.1.3 构造函数

使用类定义对象时，通常可以同时对对象进行初始化，这个初始化过程就是通过构造函数来实现的。构造函数具有如下特点：

（1）构造函数的函数名是类名。

（2）构造函数不允许有返回值。

（3）不允许用户显式调用类的构造函数，构造函数由系统自动调用。例如：

```
CDate date();                //这是一个函数声明语句,并不是定义一个 CDate 对象
CDate date1;                 //定义了一个 CDate 对象,使用无参构造函数初始化 date1 对象
CDate date2(2005,5,6);       //定义一个 CDate 对象,使用带参数的构造函数初始化 date2 对象
```

（4）构造函数可以重载。

（5）构造函数可以有参数，参数主要是用来初始化对象。例如：

```
CDate::CDate(int year,int month,int day)
{
    //初始化对象属性成员的语句
}
```

则可以定义对象：

```
CDate date3(2015,7,1);//将对象初始化为2015年7月1日。
```

3.1.4 默认构造函数

如果没有为类定义任何构造函数，则系统为类提供一个默认构造函数。该默认构造函数不带任何参数。如果为类提供了任意构造函数，则系统不再为类提供默认构造函数，此时，为了定义对象的便利，应该为类提供一个无参构造函数。

无参构造函数也可以使用所有参数带默认值的构造函数代替，这样在定义对象时，就可以使用构造函数的默认参数值进行初始化。例如：

```
class CBook
{
private:
    //数据成员
public:
    CBook(const string& = "NLL",const string& = "NULL",double = 0.0);
    //
}
```

此时，如果有如下对象定义语句：

```
CBook   book;
```

则会调用构造函数的默认值来初始化对象 book。

3.1.5 成员初始化方法

类的数据成员可以是内部数据类型成员，也可以是其他类对象成员，可以是常量成员，也可以是引用成员。对于内部数据类型成员，可以使用简单的赋值语句进行初始化。但其他三类成员初始化必须使用一种特殊的方法，那就是冒号法，也称为初始化列表。例如：

```
CBook::CBook(const string&book,const string&authro,double price):m_BookName(book)
,m_author(author),m_price(price)
{
}
```

类的所有数据成员都可以使用冒号法进行初始化，如果有多个成员使用冒号法进行初始化，必须用逗号隔开。

特别注意：类数据成员的初始化顺序与其在初始化列表中的位置无关，只与其在类中的定义顺序有关。

3.1.6 拷贝构造函数

类的拷贝构造函数实现了使用一个对象去初始化另一个同类型对象的功能。如果不为类定义拷贝构造函数，则系统会为类提供一个默认拷贝构造函数。系统提供的默认拷贝构造函数只能实现对象之间数据的按位赋值，是一种浅拷贝操作。

对象本体是指对象本身的数据成员，不包含任何的外延数据。对象实体是指对象本身的数据成员以及其外延数据。例如：类 CPerson

```
class CPerson
{
 private:
     char * m_pname;//人名
     int m_age;//年龄
     char m_sex;//性别
 public:
     //.....
};
CPerson person;
```

CPerson 类包含三个数据成员，一个指向字符串的指针成员，两个内部数据类型的数据成员。对于 CPerson 对象 person 的本体是指 m_pname 的值和 m_age，m_sex；而对象 person 的实体不仅仅包含对象本体的所有数据成员，还包含对象的指针成员所指向的字符串数据。

浅拷贝就是指对象本体之间的拷贝构造。与浅拷贝对应的是深拷贝，深拷贝是指对象实体之间的拷贝构造。如果类的对象本体和对象实体一致，则浅拷贝能正确的完成对象之间的拷贝构造，此时，系统提供的默认拷贝构造函数完全胜任拷贝构造的功能。如果类的对象本体和对象实体不一致，则必须通过深拷贝才能正确完成对象之间的拷贝构造。此时，不能使用系统提供的默认拷贝构造函数来实现对象拷贝构造功能，必须为类定义拷贝构造函数。

有关浅拷贝和深拷贝的理解，可以查看下面实例。例如，有定义：

```
CPerson person1(person);
```

分析：系统提供的拷贝构造函数（浅拷贝）完成如下功能：

```
person1. m_pname = perosn. m_pname;
person1. m_age = person. m_age;
person1. m_sex = person. m_sex;
```

从上面的分析可以看出，person1 和 person 的 m_pname 指向了同一块内存，也就同一个字符串。这样存在的问题是 person1 和 person 两个对象共用了同一个名字，person1 对姓名的修改必然会修改 person 的姓名，实际应该是两个对象有两个不同名字，对象相互之间没有任何的关联，是两个独立的实体。从上面实例的分析可以得到如下总结：

（1）如果类的对象本体和对象实体不一致时，不能使用系统提供的拷贝构造函数，必须自定义拷贝构造函数。

（2）当类具有指针数据成员，则对象本体和对象实体必定不一致，从而需要自定义类的拷贝构造函数。

拷贝构造函数有其确定的函数原型，如下所示：

```
CPerson(const CPerson&);//拷贝构造函数
```

说明：

（1）const 限定参数对象是为了防止在拷贝构造函数中修改参数对象。

（2）必须以引用作为函数，否则会形成无穷拷贝构造函数的递归调用，因为从实参到形参的赋值也是一种拷贝构造过程。

3.1.7 析构函数

类的析构函数主要用于在类消失时完成一些善后工作，例如：资源的释放等。类的析构函数有如下特点：

（1）析构函数名是固定的：~类名（）。

（2）析构函数不允许带参数。

（3）析构函数不允许有返回值。

（4）析构函数不允许重载。

（5）析构函数由系统自动调用，不允许在程序中显式调用。

（6）如果不提供析构函数，那么系统会提供一个析构函数，但系统提供的析构函数不完成任何功能。

（7）析构函数完成的功能：主要是完成资源的释放。

例如：释放动态分配的内存空间；关闭打开的文件流对象等。

（8）析构函数的调用顺序与构造函数的调用顺序相反。

3.2 典型例题分析

典型例题分析如下：

（1）有关类的说法，正确的是（　　）

A. 类是一种用户自定义的数据类型；

B. 只有类的成员函数才能访问类的私有数据成员；

C. 在类中，如不做权限说明，所有的数据成员都是公有的；

D. 在类中，如果不做权限说明，所有的数据成员都是私有的。

解析：答案 A 和 D。

选项 B：类的成员函数和友元函数都可以访问类的私有数据成员。

选项 C：参考选项 D。

（2）设 A 是一个类，a 是其一个对象，pa 是指向对象 a 的指针，ra 是对象 a 的引用，则对成员的访问，对象 a 通过（　　）进行，指针 pa 通过（　　）进行，引用 ra 通过（　　）进行。

A. ::　　B. .

C. &　　D. ->

解析：答案 BDB。

选项 A：域作用运算符，多用于访问名字空间成员或通过类访问静态成员；

选项 B：成员运算符，用于对象或引用访问其成员；

选项 C：取地址运算符，用于获取对象地址，或者是定义引用时的引用标志；

选项 D：指向运算符，多用于指针访问所指向的对象的成员或变量。

（3）假定 A 是一个类，那么执行语句 A a，b(3)，*p；调用了（　　）次构造函数。

A. 1；　　B. 2；

C. 3；　　D. 4。

解析：答案 B。

语句定义了一个对象 a，调用无参构造函数初始化该对象。另一个对象 b，使用 3 初始化该对象。P 只是一个指向类 A 的对象的指针，并不创建对象。所以只调用了 2 次构造函数。

（4）关于 this 指针说法正确的是（　　）

A. this 指针必须显式说明；　　B. 当创建一个对象后，this 指针就指向该对象；

C. 成员函数拥有 this 指针；　　D. 静态成员函数拥有 this 指针。

解析：答案 C。

选项 A：this 指针不需要显式说明；

选项 B：创建对象并不会让 this 指针指向该对象；

选项 C：this 指针属于成员函数的，当成员函数绑定到具体对象时，该 this 指针就自动指向该对象；

选项 D：静态成员函数不属于任何类对象，是属于类的，不绑定任何对象运行，所以静态成员函数不使用 this 指针。

（5）下面对析构函数的描述正确的是（　　）

A. 系统可以提供默认析构函数；　　B. 析构函数必须由用户定义；

C. 析构函数没有参数；　　D. 析构函数可以设置默认参数。

解析：答案 A 和 C。

选项 A：如果不为类提供析构函数，则系统为类提供默认析构函数；

选项 B：参考选项 A；

选项 C：析构函数不允许有参数，也不允许重载，不允许有返回值，函数名为 ~类名；

选项 D：参考选项 C。

（6）设计一个 Designer 类，包含属性有：姓名、性别、年龄等属性。提供如下功能：

①构造函数，当不提供实参时，姓名默认为："Nacy"，性别默认为：'F'，年龄默认为：30；

②编写一个函数显示 Designer 的所有属性；
③编写一个函数修改 Designer 的姓名；
④编写一个函数修改 Designer 的年龄；
⑤编写一个拷贝构造函数；
⑥可以自行添加成函数；
⑦编写测试程序。
程序代码：

```
/*****************************************************************
File name:chap3_example_6.cpp
Description:第3章的典型例题分析第6题。
*****************************************************************/
#include <iostream>
#include <iomanip>

using namespace std;

/* class define ---------------------------------------------------------*/
class CDesigner
{
private:
    char * m_name;      //姓名
    char m_gender;      //性别
    int m_age;          //年龄
public:
    CDesigner(char * ="Nacy",char ='F',int =30);      //带默认参数值的函数
    CDesigner(const CDesigner&);                      //拷贝构造函数
    char * getName()const;
    void setName(char * );
    char getGender()const;
    void setGender(char);
    int getAge()const;
    void setAge(int);
    void print()const;                                //显示信息的成员函数
};
/* member function ------------------------------------------------------*/
CDesigner::CDesigner(char * name,char gender,int age)
{
    m_name = new char[strlen(name) +1];
    strcpy(m_name,name);
    m_gender = gender;
    m_age = age;
}
```

```
CDesigner::CDesigner(const CDesigner&  designer)
{
    m_name = new char[strlen(designer.m_name) +1];
    strcpy(m_name,designer.m_name);
    m_gender = designer.m_gender;
    m_age = designer.m_age;
}
inline char * CDesigner::getName()const
{
    return m_name;
}
inline void CDesigner::setName(char * name)
{
    delete m_name;      //先释放 m_name 的内存空间
    m_name = new char[strlen(name)];
    strcpy(m_name,name);
}
inline char CDesigner::getGender()const
{
    return m_gender;
}
inline void CDesigner::setGender(char gender)
{
    m_gender = gender;
}
inline int CDesigner::getAge()const
{
    return m_age;
}
inline void CDesigner::setAge(int age)
{
    m_age = age;
}
void CDesigner::print()const
{
    cout << "姓名:" << m_name
         << "\n 性别:" << (m_gender == 'F'?"女":"男")
         << "\n 年龄:" << m_age << endl;
}

/ * driver function ---------------------------------------- * /
int main()
{
```

```
    CDesigner designer1;
    cout << "designer1's information:\n";
    designer1.print();
    CDesigner designer2(designer1);
    cout << "\ndesigner2's information:\n";
    designer2.print();

    designer2.setName("Allen");
    designer2.setGender('M');
    designer2.setAge(35);
    cout << "\ndesigner2's new information:\n";
    designer2.print();
    cout << endl;
    return 0;
}
```

程序输出结果：

```
designer1's information:
姓名:Nacy
性别:女
年龄:30
Designer2's information:
姓名:Nacy
性别:女
年龄:30
Designer2's new information:
姓名:Allen
性别:男
年龄:35
```

由于类的姓名成员使用 C 字符串，导致类对象本体和类对象实体不一致，所以需要自定义拷贝构造函数，实现深拷贝操作。

部分成员函数因为功能简单，所以使用显式内联方式将成员函数声明为内联函数，这样既不破坏类的可读性，又提高了程序的运行效率。

类定义使用带默认参数值的构造函数代替无参构造函数和带参数的构造函数，这样将两个构造函数合并成一个函数，这种方式是类定义中常用的技术。

(7) 设计一个 Game 类，包含属性有：游戏名称、设计者等属性。其中，设计者为 Designer 类对象，Designer 类使用第（6）题的类型，提供如下功能：

①构造函数，默认值为“三国演义”，设计者为“李三、男、36”，发行日期为：2015－07－01；

②编写一个函数显示 Game 类的所有属性；

③自行添加成员函数；

④编写测试程序。

程序代码：

```
/ *******************************************************************
File name:chap3_example_7. cpp
Description:第 3 章的典型例题分析第(7)题。
 ******************************************************************* /
#include < iostream >
#include < iomanip >
#include < string >
using namespace std;
/ * CDesigner 类见第(6)题代码 ------------------------------- * /
/ * class define ------------------------------------------- * /
class CGame
{
private:
    string m_name;            //名称
    CDesigner m_designer;   //设计者
public:
    CGame(const string& = "三国演义",char * = "李三",char = 'M',int = 36);
    CDesigner getDesigner()const;
    void setDesigner(char * ,char,int);
    void print()const;
};
/ * member function --------------------------------------- * /
CGame::CGame(const string&name,char * designerName,char designerGender,int designerAge):m_desig-
ner(designerName,designerGender,designerAge)
{
    m_name = name;
}
inline CDesigner CGame::getDesigner()const
{
    return m_designer;
}
void CGame::setDesigner(char * name,char gender,int age)
{
    m_designer. setName(name);
    m_designer. setGender(gender);
    m_designer. setAge(age);
}
void CGame::print()const
{
    cout << "游戏名称:" << m_name << endl;
```

```
    m_designer.print();
}

/* driver function ---------------------------------- */
int main()
{
    CGame game1;
    cout << "game1:\n";
    game1.print();
    CGame game2("泡泡龙","杨明",'M',30);
    cout << "\ngame2:\n";
    game2.print();
    CGame game3(game2);
    cout << "\ngame3:\n";
    game3.print();
    game3.setDesigner("张勇",'M',28);
    cout << "\nnew game3:\n";
    game3.print();
    cout << "\ngame2:\n";
    game2.print();
    cout << endl;
    return 0;
}
```

程序输出结果:

```
game1:
游戏名称:三国演义
姓名:李三
性别:女
年龄:36
game2:
游戏名称:泡泡龙
姓名:杨明
性别:女
年龄:30
game3:
游戏名称:泡泡龙
姓名:杨明
性别:女
年龄:30
new game3:
游戏名称:泡泡龙
姓名:张勇
```

性别:女
年龄:28
game2:
游戏名称:泡泡龙
姓名:杨明
性别:女
年龄:30

因为 CGame 类没有指针成员，只有一个 string 类对象和 CDesigner 类对象成员，所以不需要自定义拷贝构造函数，使用系统提供的拷贝构造函数即可。

使用带默认参数值的构造函数实现无参构造函数和有参构造函数双重功能，因为 m_designer是类对象成员，所以必须使用冒号法进行初始化。

在 print 函数中，因为 m_designer 是类对象成员，所以输出该成员信息时，只能调用该类的 print 函数。

3.3　基础知识练习

基础知识练习如下：

（1）类定义与（　　）的定义类似。
A. 函数；　　B. 结构体；
C. 变量；　　D. 常量。

（2）类定义与（　　）无关。
A. 成员变量定义；　　B. 成员函数定义；
C. 成员的访问权限；　　D. main 函数。

（3）下列关于对象的定义正确的是（　　）
A. 早于所对应的类的定义；
B. 晚于所对应的类的定义；
C. 与所对应的类的定义必须在同一名空间中；
D. 必须在 main 函数中进行。

（4）在没有特殊说明的情况下，如果未指明某个类成员的访问控制权限，则该成员的访问控制权限是（　　）
A. public；　　B. private；
C. protected；　　D. 不确定。

（5）在定义一个类时，关于定义成员的方法正确的是（　　）
A. 必须先定义成员变量，后定义成员函数；
B. 必须先定义 private 成员，后定义 public 成员；
C. 不能出现多次 private 或 public 的声明；
D. 可以没有成员函数。

（6）关于类的 public 成员的描述错误的是（　　）
A. 可以通过对象访问；　　B. 可以被同类中的成员函数访问；

C. 一个类中至少有一个 public 成员；　D. 既可以是变量也可以是函数。

(7) 关于类的 private 成员的描述正确的是（　　）

A. 可以通过对象访问；　B. 一个类中必须有至少一个 private 成员；

C. 成员变量必须是 private 成员；　D. 可以被同类中的成员函数访问。

(8) 对于类中成员函数的实现方法的描述正确的是（　　）

A. 必须在类定义中实现；

B. 必须在类的外部实现；

C. 对于所有的成员函数，要么全部在类定义中实现，要么全部在类的外部实现；

D. 既可以在类定义中实现，也可以在类的外部实现。

(9) 下列关于构造函数的描述中，错误的是（　　）

A. 构造函数可以设置默认参数；　B. 构造函数在定义类对象时自动执行；

C. 构造函数不可以是内联函数；　D. 构造函数名称可以与类名不同。

(10) 下列说明中有关构造函数的正确说法是（　　）

A. 任一类必定有构造函数；　B. 构造函数可以有返回值；

C. 构造函数不能重载；　D. 任一类必定有缺省的构造函数。

(11) 下列关于构造函数的描述中，正确的是（　　）

A. 构造函数不可以设置默认参数；　B. 构造函数可以被其他函数调用；

C. 构造函数可以重载；　D. 构造函数名称可以与类名不同。

(12) 假定 AB 为一个类，则执行：

```
AB * p = new AB(1,2);
```

语句时共调用该类构造函数的次数为（　　）

A. 0 次；　B. 1 次；

C. 2 次；　D. 3 次。

(13) 如果在编写一个类的时候，没有定义构造函数，那么编译器在编译时将为该类自动生成一个构造函数，该函数的形参个数是（　　）

A. 0；　B. 1；

C. 2；　D. 3。

(14) 关于构造函数描述正确的是（　　）

A. 构造函数不可以重载；

B. 构造函数可以有返回值；

C. 在用类产生一个类的一个对象时，可以先后执行多个构造函数；

D. 如果在编写类时，没有定义构造函数，编译时将自动生成一个不带参数的构造函数。

(15) 假设 BC 为一个类，在下面构造函数的原型声明中存在着语法错误的是（　　）

A. BC(int a, int);　B. BC(int, int);

C. int BC(int a, int b);　D. BC(int, int y)。

(16) 假定 MyClass 为一个类，则执行 MyClass sa[3], *p[2]; 语句时，自动调用该类构造函数（　　）次。

A. 2； B. 3；

C. 4； D. 5。

（17）以下有关析构函数的叙述不正确的是（ ）

A. 一个类只能定义一个析构函数； B. 析构函数和构造函数一样可以有形参；

C. 析构函数不允许有返回值； D. 析构函数名前必须有符号“~”。

（18）以下属于析构函数特征的是（ ）

A. 一个类的析构函数名可以自由指定；B. 析构函数的定义必须在类体内；

C. 析构函数可以带或不带参数； D. 在一个类中析构函数有且仅有一个。

（19）下列关于构造函数与析构函数的叙述中错误的是（ ）

A. 均无返回值；

B. 均不可定义为虚函数；

C. 构造函数可以重载，而析构函数不可重载；

D. 构造函数可带参数，而析构函数不可带参数。

（20）有关析构函数的说法中不正确的是（ ）

A. 一个类的析构函数有且只有一个；

B. 析构函数无任何类型；

C. 析构函数与构造函数一样可以有形参；

D. 析构函数的作用是可以在对象生命周期结束前进行必要的释放自己申请的内存等操作。

（21）假定 AB 为一个类，则该类的拷贝构造函数的声明语句为（ ）

A. AB &(AB x)； B. AB(AB x)；

C. AB(AB &x)； D. AB(AB *x)。

（22）拷贝构造函数的作用为（ ）

A. 创建一个与已知对象共用同一内存地址的对象；

B. 用一个已知对象来初始化一个被创建的同类的对象；

C. 创建一个与已知对象完全相同的对象；

D. 创建一个临时对象。

（23）通常拷贝构造函数的形参（ ）

A. 指向同类对象的指针； B. 同类对象的引用；

C. 同类对象的地址； D. 同类对象的值。

3.4 实验内容

3.4.1 实验一：类的基本知识

实验目的：

掌握基本的类定义、成员函数的定义以及类的使用；如何定义对象，类和对象之间的关系；理解面向对象程序设计的封装性特点。

实验内容：

实验内容具体如下：

(1) 设计一个类 Circle，表示圆形：

①以圆心坐标 (x，y) 和半径 r 来确定圆；

②可设置圆心坐标；

③可设置半径；

④可计算圆的面积；

⑤可计算圆的周长；

⑥编写主函数，测试类的功能。

(2) 设计一个类 Column，表示圆柱体。设圆柱体底面在 Z=0 的平面内：

①以底面圆（参见 (1)）和高来确定圆柱体；

②可设置底面圆心；

③可设置底面半径；

④可设置高；

⑤可计算底面积；

⑥可计算底面的周长；

⑦可计算侧面积；

⑧可计算体积；

⑨编写主函数，测试类的功能。

拓展思考：

3-1　在描述一类事物时，哪些是关键属性？哪些不是关键属性？在定义一个类时，如何选择类的数据成员？例如实验中，Circle 类的面积属性和周长属性是否应该是该类的数据成员？Column 类的底面积周长、体积、底面积呢？

3-2　体会数据成员的访问权限，为什么一般将数据成员定义为私有的，将成员函数定义为公有的？

3.4.2 实验二：构造函数和析构函数

实验目的：

掌握构造函数的作用、定义方式、不同构造函数的用途，析构函数的作用。

实验内容：

实验内容如下：

(1) 设有类定义如下：

```
#define MAXLENGTH 1000
class CString
{
private:
    char  m_buff[MAXLENGTH];
public:
    CString();                     //构造函数1,设置为空字符串
    CString(char  *src);           //构造函数2,在考虑了 src 的长度是否合法后初始化当前对象
```

```
    CString( char   ch);                //构造函数3,0号元素赋值为ch
    int setString( char   * src);       //设置字符串,在考虑了src的长度是否合法后设置当前对象
    void display( )const;               //常成员函数,输出字符串
    char getChar(int)const;             //获取某个位置的字符,必须考虑下标越界问题
    int setChar(int,char);              //修改某个位置的字符串,必须考虑下标越界问题,返回值表示
                                        //修改是否成功:1—修改成功,0—修改失败
};
```

请编写程序实现如下功能：

①为其中的每个成员函数给出实现代码；

②自行根据需要决定是否需要添加拷贝构造函数和析构函数；

③main 函数要求如下，不要修改：

```
void main( )
{
  CString s1;
  s1. display( );
    s1. setString( "abc1" );
  s1. display( );

    CString s2( "abc2" );
  s2. display( );

    CString s3( 'a' );
  s3. display( );

    CString s4( s2);
  s4. display( );

    if(0 == s4. setChar(2,F) )
    cout << "修改s4的字符失败！ \n";
  s4. display( );
}
```

（2）设有类定义如下：

```
class CString
{
private:
  char   * m_pbuff;                  //指向字符串的指针
  int   m_length;                    //表示当前字符串的最大允许长度,也就是字符数组的长度
public:
  CString( );                        //构造函数1,设置为空字符串,m_length = 100
  CString( char   * src);            //构造函数2,在考虑了src的长度后初始化当前对象,
                                     //m_length > = src的长度 + 1
```

```
    CString(char   ch);              //构造函数3,0号元素赋值为ch,m_length=100
    int SetString(char   *src);      //设置字符串,在考虑了src的长度后设置当前对象
                                     //m_length>=src的长度+1

    void display()const;             //常成员函数,输出字符串
    char getChar(int)const;          //获取某个位置的字符,必须考虑下标越界问题
    int setChar(int,char);           //修改某个位置的字符串,必须考虑下标越界问题,返回值表示
                                     //修改是否成功:1—修改成功,0—修改失败

};
```

请编写程序实现如下功能：

1）为其中的每个成员函数给出实现代码；

2）自行根据需要决定是否需要添加拷贝构造函数和析构函数；

3）main 函数要求如下，不要修改：

```
void main()
{
    CString s1;
    s1.display();
    s1.setString("abc1");
    s1.display();

    CString s2("abc2");
    s2.display();

    CString s3('a');
    s3.display();

    CString s4(s2);
    s4.display();

    if(0 == s4.setChar(2,F))
       cout << "修改 s4 的字符失败! \n";
    s4.display();
}
```

(3) 下面的一段程序中的 CLine 类中缺少了部分成员函数，该程序的运行结果如下：

```
Point 1 is:(0,0)
Point 2 is:(0,0)
Length = 0
Point 1 is:(1,1)
Point 2 is:(5,5)
Length = 5.65685
```

请为 CLine 函数补充必要的成员函数与实现代码，使得程序正确运行：

```
#include  <iostream>
#include  <cmath>
using namespace std;

class CPoint
{
private:
   int m_x;   //点的 X 坐标
   int m_y;   //点的 Y 坐标
public:
   CPoint()
   {
      m_x = 0;
      m_y = 0;
   }
   CPoint  (int x,int y)
   {
      m_x = x;
      m_y = y;
   }
   int getx()
   {
      return m_x;
   }
   int gety()
   {
      return m_y;
   }
   void showPoint()
   {
      cout << "(" << this -> m_x << "," << this -> m_y << ")" << endl;
   }
};

class CLine
{
private:
   CPoint   m_point1;
   CPoint   m_point2;
public:
   //请添加成员函数
};
```

```
void  main()
{
  CLine line1;
  line1.ShowLine();
  cout << "Length = " << line1.distance() << endl;

  CLine line2(1,1,5,5);
  line2.ShowLine();
  cout << "Length = " << line2.distance() << endl;
}
```

（4）有一个类的定义如下：

```
class CBook
{
private:
  string  name;
  string  author;
  double  price;
  string  publisher;
public:
  CBook(){name = "无";author = "无";price = 0.0;publisher = "无";}
  CBook(const CBook&);                          //拷贝构造函数
  CBook(string,string,double,string);           //带参数的构造函数
  CBook(char *,char *,double,char *);           //带参数的构造函数
  ~CBook();                                     //析构函数
  void  SetName(char *);                        //设置书名的成员函数
  void  SetName(string&);                       //设置书名的成员函数
  void  print()const;                           //在屏幕上显示书的信息的成员函数
};
```

按要求完善 CBook 类的定义：

①完善 CBook 类的所有成员函数定义。

②其中输出格式要求如下：

a. 书名：

b. 作者：

c. 价格：

d. 出版社：

③析构函数中要求输出如下信息：

a. “书名” 对象被析构了！

b. 输出时，上面 a 步骤中要求的书名用对象的 name 属性值替换。

④在主函数中验证上述类的功能，要求的主函数如下所示，不要修改：

```
void main()
{
    string n = "C ++ 程序设计",a = "王涛",pub = "苏州大学出版社";
    CBook b1;
    cout << b1 << endl;
    b1.SetName(n);
    b1.print();
    b1.SetName("VB");
    cout << b1 << endl;

    CBook b2 = b1;
    cout << b2 << endl;

    CBook b3(n,a,35.0,pub);
    cout << b3 << endl;

    CBook * b4 = new CBook("VC ++","李国",45.0,"清华大学出版社");
    cout << * b4 << endl;
    delete b4;
}
```

拓展思考：

3-3　实验二第（1）题中的CString类与第（2）题中的CString类有什么区别？导致其区别的原因是什么？两个CString类是否都必须定义析构函数？为什么？

3-4　第（3）题中类对象成员采用什么方式进行初始化？与普通成员有什么区别？还有哪些成员必须采用这种方式初始化？原因是什么？

4 类和对象（2）

4.1 知识要点

4.1.1 对象数组和对象指针

自己定义的类与 C ++ 内部数据类型（如 int，double 等）一样是一种用于描述某类事物的类型，可以使用类定义对象数组、指向对象的指针等。对象数组中的每个元素都是一个对象，指向对象的指针指向的是一个类对象。例如，假设已经定义了 CBook 类，则可有如下定义：

```
CBook arry[10];
CBook * pbook;
pbook = arry;
```

上面语句定义了一个包含 10 个 CBook 对象的数组 arry，一个 CBook 指针 pbook，并且使得 pbook 指向数组的第 0 号元素。

4.1.2 对象的动态建立和释放

C ++ 提供了两个用于动态内存分配和释放的运算符，分别是 new 和 delete。new 运算符用于在堆内存空间中申请一个对象空间或一个对象数组空间。delete 运算符用于释放由 new 运算符申请的内存空间。在程序中，new 和 delete 应该成对使用，否则容易出现内存泄漏。例如：

```
int * pint = new int;                  //申请一个整型变量空间
int * piarry = new int[10];            //申请一个整型数组空间
int * pi = new int(5);                 //申请一个整型变量空间,并初始化为 5
CBook * pbook = new CBook[20];         //申请一个包含 20 个 CBook 对象的数组空间
delete pint;                           //释放一个整型变量空间
delete[]piarry;                        //释放一个整型数组空间
delete pi;                             //释放一个整型变量空间
delete[]pbook;                         //释放一个 CBook 数组空间
```

在使用 new 申请内存空间时，要特别注意在改变指针指向之前记得释放指针所指向的内存空间，否则一旦改变了指针的指向，该内存空间就会丢失，在程序退出之前都无法再使用，就产生了内存泄漏。如果可以，尽量使用指针常量来指向 new 申请的内存空间，这样就不会出现因改变指针指向而导致的内存泄漏问题。

4.1.3 静态数据成员与静态成员函数

C ++ 的类中，有一类特殊的成员，那就是静态数据成员和静态成员函数。静态数据成员和静态成员函数不属于类的某个对象，而是所有对象共有的成员。

静态数据成员在类定义中声明，但在类外部分配空间和初始化，由于静态数据成员不属于任何对象，所以不能在构造函数中初始化和分配空间，只能像全局变量一样，在文件域内分配空间和初始化。静态成员的定义形式和初始化形式如下所示：

```
class CBook
{
private:
    string m_book;
    string m_author;
    double m_price;
    static int m_count;     //静态数据成员
public:
    //成员函数
};
int CBook::m_count = 0;    //静态数据成员的空间分配和初始化
```

特别注意：静态数据成员在类外部初始化时，不需要使用 static 进行定义，只需要指定静态数据成员的类域。

静态成员函数是专门用于操作静态数据成员的成员函数。因为静态成员函数是类属成员函数，不通过绑定到具体对象来运行，所以静态成员函数不能操作类的非静态数据成员。

静态成员函数的静态特性只需在类中声明，不需要在类外再次声明。例如：

```
class CBook
{
private:
    string m_book;
    string m_author;
    double m_price;
    static int m_count;             //静态数据成员
public:
    static int getCount();          //静态成员函数
    static void setCount(int);      //静态成员函数
    //成员函数
};
int CBook::m_count = 0;             //静态数据成员的空间分配和初始化
int CBook::getCount()
{
    return m_count;
```

```
}
void CBook::setCount(int num)
{
    m_count = count;
}
```

静态数据成员和静态成员函数既可以通过类来使用，也可以通过对象使用。建议采用前者，因为这样更能体现静态数据成员和静态成员函数的类属特性。例如：

```
CBook::m_count = 10;      //前提是 m_count 是公有
CBook::setCount(10);
```

或：类对象调用

```
CBook   book;
book.m_count = 20;      //前提是 m_count 是公有
book.setCount(10);
```

4.1.4 友元

友元是一种以破坏类的封装性来达到数据访问的便利性的一种技术。类的友元包含友元函数和友元类两种。类的友元函数和友元类的成员函数都可以直接访问类的私有成员。友元关系大多数用于运算符重载，以方便运算符重载函数访问类的私有成员。

友元不具有相互性，比如声明了类 A 是类 B 的友元，但并不表示类 B 也是类 A 的友元。

友元不具有传递性，比如声明了类 A 是类 B 的友元，类 B 是类 C 的友元，但并不表示类 A 是类 C 的友元。

4.2 典型例题分析

典型例题分析如下：

（1）对 new 运算符的下列描述中，错误的是（　　）

A. new 运算符可以动态创建对象和对象数组；

B. 用它创建对象数组时必须指定初始值；

C. 用它创建对象时要调用构造函数；

D. 用它创建的对象数组可以使用运算符 delete 来一次释放。

解析：答案 B。

选项 B：用 new 运算符创建对象数组时，可以不指定初始值，也无法指定初始值。在创建对象数组时，会调用类的无参构造函数对数组所有对象元素进行初始化。

（2）对 delete 运算符的下列描述中，错误的是（　　）

A. 用它可以释放用 new 运算符创建的对象和对象数组；

B. 用它释放一个对象时，它作用于一个 new 所返回的指针；

C. 用它释放一个对象数组时，它作用的指针名前面必须加 [ ]；

D. 用它可以一次释放用 new 创建的多个对象。

解析：答案 D。

选项 D：delete 运算符一次只能释放用 new 创建的一个对象或对象数组，不能同时释放多个独立的对象。

（3）关于静态数据成员，下面描述错误的是（ ）

A. 使用静态数据成员，实际上是为了消除全局变量；

B. 可以使用“对象名．静态成员”或者“类名：：静态成员”来访问静态数据成员；

C. 静态数据成员只能在静态成员函数中引用；

D. 所有对象的静态数据成员占用同一内存单元。

解析：答案 C。

选项 C：静态数据成员可以被所有成员函数使用，是属于所有类对象共享的数据成员，但静态成员函数只能引用静态数据成员，因为静态成员函数不通过绑定对象来运行。

（4）下面关于友元描述错误的是（ ）

A. 关键词 friend 用于声明友元；

B. 一个类中的成员函数可以是另一个类的友元；

C. 友元函数访问对象的成员不受访问权限的影响；

D. 友元函数通过 this 指针访问对象成员。

解析：答案 D。

选项 D：友元函数并不是类的成员函数，所以并不通过绑定具体对象来运行，更不可能通过 this 指针来指向具体对象。

（5）为某工厂的产品管理系统定义一个商品种类的类 CKind，该类有商品类型编号、商品类型名称等属性，以及用于表示类型数量的静态成员属性。请为该类提供如下功能：

①为该类提供合适的构造函数；

②为该类提供析构函数，析构函数输出：商品类型名＋“被析构了”；

③为类提供属性修改和读取的成员函数；

④为该类提供合适的静态成员函数；

⑤完成类的测试。

分析：

①商品类型编号和类型名称都用 string 类型表示，这样便于操作；

②为了便于定义类对象，提供一个带默认参数值的构造函数，这样等价于将无参构造函数和带参数的构造函数合并为一个函数；

③静态成员用于表示当前系统中存在的类型个数，静态成员必须在类外定义和初始化。

程序代码：

```
/*******************************************************************
File name:f0405. cpp
Description:第 4 章典型例题分析第(5)题。
*******************************************************************/
```

```
#include <iostream>
#include <string>
using namespace std;

/* Class define -------------------------------------------------------- */
class CKind
{
private:
    string  m_kind_ID;              //类型 ID
    string  m_kind_name;            //类型名称
    static int m_count;             //对象个数
public:
    CKind(const string& id = "0000",const string& name = "为初始化");
    CKind(const CKind&);            //拷贝构造函数
    ~CKind();                       //析构函数
    string get_id()const;
    void  set_id(const string&);
    string get_name()const;
    void  set_name(const string&);
    static int get_kind_count(void);
    void display()const;
};

/* member fucntion define --------------------------------------------- */
int CKind::m_count = 0;             //静态成员初始化
CKind::CKind(const string&id,const string&name)
{
    m_kind_ID = id;
    m_kind_name = name;
    m_count ++;                     //新增一个类型
}
CKind::CKind(const CKind&obj)
{
    m_kind_ID = obj.m_kind_ID;
    m_kind_name = obj.m_kind_name;
    m_count ++;
}

CKind::~CKind()
{
    m_count --;
}
```

```
string CKind::get_id()const
{
    return m_kind_ID;
}

void CKind::set_id(const string&id)
{
    m_kind_ID = id;
}

string CKind::get_name()const
{
    return m_kind_name;
}

void CKind::set_name(const string&name)
{
    m_kind_name = name;
}

int CKind::get_kind_count(void)
{
    return m_count;
}

void CKind::display()const
{
    cout << "类型 ID:" << m_kind_ID << "\t 类型名:" << m_kind_name;
}

/*test program ------------------------------------------*/
int main()
{
    CKind arry[5];
    string str;
    for(int i = 0;i < 5;i ++ )
    {
        cout << "请输入第" << i << "个类型信息:\n";
        cin >> str;
        arry[i].set_id(str);
        cin >> str;
        arry[i].set_name(str);
```

```
    }
    cout << "输入的类型信息如下:\n";
    for(int i = 0;i < 5;i ++ )
    {
        arry[i]. display( );
        cout << endl;
    }
    cout << "总类型个数为:" << CKind::get_kind_count( ) << endl;
    CKind * pkind = new CKind("1100","篮球");
    cout << "总类型个数为:" << CKind::get_kind_count( ) << endl;
    cout << "新增加了一个类型为:";
    pkind -> display( );
    cout << endl;
    delete pkind;
    cout << "删除新增加的类型后,总类型个数为:" << CKind::get_kind_count( ) << endl;

    return 0;
}
```

输入数据为:

```
请输入第 0 个类型信息:
10000
足球
请输入第 1 个类型信息:
10001
羽毛球
请输入第 2 个类型信息:
10002
乒乓球
请输入第 3 个类型信息:
10003
台球
请输入第 4 个类型信息:
1004
排球
```

输入结果为:

```
输入的类型信息如下:
类型 ID: 10000      类型名: 足球
类型 ID: 10001      类型名: 羽毛球
类型 ID: 10002      类型名: 乒乓球
类型 ID: 10003      类型名: 台球
```

类型 ID：1004　　类型名：排球
总类型个数为：5
总类型个数为：6
新增加了一个类型为：类型 ID：1100　　类型名：篮球
删除新增加的类型后，总类型个数为：5

解析：

CKind 类使用静态数据成员 m_count 来记录当前系统中的类型个数，所以在构造函数中必须对该静态成员变量进行递增。同时，在析构函数中对静态成员变量进行递减，这样才能正确的实现类型个数计数。

静态成员变量的初始化和内存空间分配是在类外进行的，并且在类外初始化静态成员变量时，不需要关键词 static。静态成员函数在类外定义时，也不需要关键词 static。

注意：静态成员函数的定义和调用形式，静态成员函数只能操作静态数据成员，因为它是类属成员函数，不绑定到具体对象运行，所以不能操作某个具体对象的数据成员。静态成员函数虽然是类属成员函数，但它既可以通过类名来调用，又可以通过对象进行调用。

4.3　基础知识练习

基础知识练习如下：

（1）下面对静态数据成员的描述中，正确的是（　　）
A. 类的不同对象有不同的静态数据成员值；
B. 类的每个对象都有自己的静态数据成员；
C. 静态数据成员是该类的所有对象共享的数据；
D. 静态数据成员不能通过类的对象调用。

（2）静态成员函数不能声明为（　　）
A. 整型函数；　　B. 浮点函数；
C. 虚函数；　　D. 字符型函数。

（3）下列关于静态成员函数的描述中正确的是（　　）
A. 在静态成员函数中可以使用 this 指针；
B. 在建立对象前，就可以为静态数据成员赋值；
C. 静态成员函数在类外定义时，要加 static 前缀；
D. 静态成员函数只能在类外定义。

（4）下面对静态数据成员的描述中，正确的是（　　）
A. 静态数据成员可以在类体内进行初始化；
B. 静态数据成员不可以被类的对象调用；
C. 静态数据成员不能受 private 控制符的作用；
D. 静态数据成员可以直接用类名调用。

（5）下述静态数据成员特征描述中，错误的是（　　）
A. 说明为静态数据成员时，要冠以关键字 static；
B. 静态数据成员要在类体外进行初始化；

C. 引用公有静态数据成员时，要在静态数据成员名前加 <类名> 与作用域运算符；
D. 静态数据成员对所有对象而言都有其单独拷贝。

（6）下面不属于当前类的成员函数的是（　　）
A. 静态成员函数；　　B. 友元函数；
C. 构造函数；　　D. 析构函数。

（7）下面对友元的描述中，错误的是（　　）
A. 关键字 friend 用于声明友元；
B. 一个类的成员函数可以是另一个类的友元；
C. 友元函数访问对象的成员不受访问特性影响；
D. 友元函数通过 this 指针访问对象成员。

（8）下面关于友元的几个说法错误的是（　　）
A. 恰当使用友元，可以给程序设计带来灵活性；
B. 友元破坏了类的封装性；
C. 友元包括友元函数和友元类；
D. 友元具有双向性，如果 A 类是 B 类的友元，那么 B 类一定是 A 类的友元。

4.4　实验内容

4.4.1　实验一：对象的动态建立和释放

实验目的：

掌握对象的概念、对象数组的使用、对象指针的使用。

实验内容：

实验内容具体如下：

（1）请完善下面的复数类：

```
class CComplex
{
  double m_real;
  double m_image;
public:
  void   setValue(double real,double image)
  {
    m_real = real;
    m_image = image;
  }
};
```

提供如下功能：

①提供适当的构造函数，能完成如下复数对象定义：

```
CComplex   c1;              //将 c1 初始化为:m_real = 1,m_image = 1
CComplex   c2(10,20);       //将 c1 初始化为:m_real = 10,m_image = 12
```

②编写一个显示函数，将复数对象显示在屏幕上，显示方式为：实部 + 虚部 I。

③编写一个成员函数，实现两个复数对象相加。

④编写一个成员函数，实现复数的实部加上一个 double 型实数。

⑤编写一个成员函数，计算复数对象的模。

⑥测试复数类。

（2）构建一个包含若干实数对的文本文件，文件每行包含两个实数，实数之间用空格分割。假设文件中每个实数对为一个复数的实部和虚部，实部在前，虚部在后。编写程序完成如下功能：

①动态申请一个大小为 100 的复数对象数组空间。

②编写一个函数，从文件中读取最多 100 个复数对象，保存到第一步申请的复数对象数组空间。如果文件中实数对超过 100 个，则只读前面 100 个复数，如果文件中实数对不足 100 个，则读取所有复数。

③编写一个函数，将读取的所有复数输出到屏幕上，要求每行输出 6 个复数，每个复数之间用空格分割。

④编写一个函数，将所有复数按照复数的模进行升序排序。在 main 函数中将排序后的复数输出到屏幕上，输出格式与前面输出格式相同。

拓展思考：

4-1 在复数的排序中，需要进行复数对象的赋值操作，这种赋值操作是如何完成的？如果不是复数对象，是第三章实验二第（2）题的字符串对象，这时的排序又该如何实现？

4.4.2 实验二：静态数据成员和静态成员函数

实验目的：

掌握静态数据成员和静态成员函数的概念、定义方法、使用方法，同时复习类的定义和使用方法。

实验内容：

实验内容具体如下：

（1）现需要处理银行活期存款业务，设账户类为 CAount，请根据如下需求实现该类，并在 main 函数中测试。

①每个账户需要有一个浮点型的成员 m_Money 用于存储账上余额。

②每个账户需要描述存款的日期。

③银行的年利息采用浮点型静态数据成员 m_InterestRate 描述，从而避免为每个账户存储利息。

④为年利息成员提供静态成员 SetInterestRate 进行设置。

⑤为年利息成员提供静态成员 GetInterestRate 进行获取。

⑥提供存款成员函数 SaveMoney。

⑦提供取款成员函数 LendMoney。

⑧提供计算利息函数 CalcInterest。

⑨提供结算利息函数 SaveInterest，该函数将计算出的利息结算到本金中。

⑩为简化计算，请考虑以下定义或限制：

a. 本题目不考虑闰年，每个月都认为30d，一年认为360d。

b. 存款仅考虑发生一次！

c. 取款允许发生多次，但取款是否允许需要考虑“本金是否足够”的条件。

（2）银行相关业务和利息的计算方法如下：

①假设年利率 m_InterestRate = 0.036（表示3.6%），m_InterestRate 是静态成员变量，按照静态成员变量的感念，对所有账户 CAount 类的对象而言 m_InterestRate 只有1个，这样才能实现一改全改的效果！

②我于2014－1－1到银行存了100000元，m_Money = 100000。

③2014－3－10银行给我“结算利息”一次。2014－1－1到2014－3－10之间一共间隔了70d，本金 m_Money = 100000 + 100000 * 0.036/360 * 70 = 100700。“结算利息”以后，存款日期变为了2014－3－10！

④2014－3－30我到银行想取款200000元，由于本金 m_Money 只有100700元，所以不允许取款！

⑤2014－4－4我到银行想取款50000元，由于本金有100700元，所以允许取款。2014－3－10到2014－4－4之间一共间隔了25d，本次取得的金额是50000 + 50000 * 0.036/360 * 25 = 50125，本金 m_Money = 100700 － 50000 = 50700（利息不从我的账户中扣除，这是由银行提供给我的回报），存款日期仍然维持为2014－3－10。

拓展思考：

4－2　在什么情况下类需要静态数据成员？如果静态成员函数要操作某个对象，该用什么方式实现？

5 运算符重载

5.1 知识要点

运算符重载是面向对象程序设计中最吸引人的特征之一，其将复杂难理解的程序变得更加直观、更加符合人的思维。运算符重载增强了 C ++ 的可扩展性。运算符重载允许一个大的运算符集，其目的是提供用自然方式扩展语言。

5.1.1 运算符重载规则

运算符重载规则包括以下内容：

（1）运算符可以重载为成员函数、友元函数和普通函数。如果重载为成员函数，则运算符的左操作数必须是类对象。运算符重载为普通函数和友元函数的函数形式相同，只是函数内部对数据的操作方式有差异，普通函数只能通过类的成员函数访问私有成员，友元函数可以直接访问类的私有成员。

（2）有四个运算符只能重载为成员函数，分别是：

①赋值运算符：=

②下标运算符：[ ]

③指向运算符：->

④调用运算符：( )

（3）有两个运算符只能重载为友元函数：

①输入运算符：>>

②输出运算符：<<

（4）不允许创建新的运算符，只能重载 C ++ 已有的运算符。C ++ 中允许重载的运算符主要如下：

+	-	*	/	%	^	&
		~	!	=	<	>	+=
-=	*=	/=	%=	^=	&=	|=
<<	>>	>>=	<<=	==	!=	<=
>=	&&	||	++	--	->*	,
->	[ ]	( )	new	new[ ]	delete	delete[ ]

（5）不允许改变运算符的优先级。

（6）不允许改变运算符的操作数个数。

(7) 不允许改变运算符的含义。

5.1.2 运算符重载函数参数

根据运算符重载为成员函数、友元函数和普通函数，确定运算符重载函数参数个数的规则如下：

(1) 当运算符重载为成员函数时，参数个数是其操作数个数减一。

(2) 当运算符重载为友元函数和普通函数时，参数个数与其操作数个数相同。

5.1.3 自增运算符重载

自增运算符可以分为前自增和后自增两种运算符，两种运算符重载函数在形式上相同，但运算符功能却完全不同。前自增运算符可以实现连续的自增运算，而后自增运算符不能实现连续的后自增运算。为了使得编译器区分前自增运算符重载函数和后自增运算符重载函数，C ++ 规定，后自增运算符重载函数必须有一个没有使用的 int 型参数。具体方式如下：

(1) 前自增运算符重载函数（友元函数形式）。

```
CBook& operator ++ (CBook&);      //函数声明
CBook& operator ++ (CBook& book)
{
    book.m_price ++;
    return book;
}
```

(2) 后自增运算符重载函数（友元函数形式）。

```
CBook operator ++ (CBook&,int);      //函数声明,在函数中有一个没有使用的 int 参数
CBook operator ++ (CBook& book,int)
{
    CBook temp(book);                //对象自增之前的值
    book.m_price ++;
    return temp;
}
```

特别注意：前自增运算符重载函数和后自增运算符重载函数原型不仅仅在参数上有区别，函数的返回值也是不一样的，前自增运算符重载函数需要实现连续的前自增运算，所以必须返回对象的引用，而后自增不实现连续的后自增运算符，所以返回的是对象。

5.1.4 赋值运算符重载函数

赋值运算符重载函数只能重载为成员函数，如果不为类提供赋值运算符重载函数，则系统为类提供一个默认的赋值运算符重载函数。

默认的赋值运算符重载函数只能完成对象成员的按位赋值。当类对象本体和对象实体不一致时，默认的赋值运算符重载函数无法正确完成对象之间的赋值操作。此时，需要自定义赋值运算符重载函数。

5.1.5 流插入运算符重载和流提取运算符重载

流插入运算符和流提取运算符只能重载为友元函数，这两个运算符的重载函数有固定的函数形式。具体如下：

（1）流提取运算符重载函数的函数形式：

```
函数声明形式:friend istream& operator >> (istream& in,classtype& obj);
函数定义形式:
istream& operator >> (istream& in,classtype& obj)
{
    //输入操作
    return in;
}
```

流提取运算符重载函数的第一个参数输入流既可以是文件输入流，又可以是标准输入设备流，第二参数表示保存提取数据的对象，必须是引用作为参数。

（2）流插入运算符重载函数的函数形式：

```
函数声明形式:friend ostream& operator << (ostream& uot,const classtype& obj);
函数定义形式:
ostream& operator << (ostream& out,const classtype& obj)
{
    //输出操作
    return out;
}
```

流插入运算符重载函数的第一个参数输出流既可以是文件输出流，也可以是标准输出设备流。第二个参数表示要输出的对象，可以是对象的引用，也可以是对象的常引用，但建议使用对象的常引用作为函数参数。以引用作为参数的目的是提高函数参数传递的效率。

5.2 典型例题分析

典型例题分析如下：

（1）下列运算符中，不能被重载的是（ ）

A. [] B. .

C. () D. /

解析：答案 B。

原因：C ++ 中并不是所有的运算符都可以重载，选项 B 的成员运算符就不允许重载。

（2）下列描述的运算符重载规则中，错误的是（ ）

A. 运算符重载必须符合语言语法规则； B. 不能创建新的运算符；

C. 不能改变运算符操作的类型； D. 不能改变运算符原有的优先级。

解析：答案 C。

选项 C：运算符重载是可以改变运算符操作类型的，比如将乘法运算符（ * ）重载为除法（/），运算符重载都是通过重载函数实现，具体的操作类型由函数的功能确定。但这种改变运算符操作类型的重载会使用户无法理解运算符的运算规则，从而引起程序结果错误，所以 C ++ 建议运算符重载不应该改变运算符操作的类型。

（3）下列运算符不能重载为友元函数的是（　　）

A. =　　　　B. <

C. >　　　　D. ==

解析：答案 A。

选项 A：C ++ 中有四个运算符不能重载为友元函数，只能重载为成员函数，分别是赋值运算符（ = ）、下标运算符（[ ]）、调用运算符（( )）和指向运算符（ -> ）；另有两个运算符只能重载为友元函数，分别是流提取运算符和流插入运算符。

（4）定义一个整型动态数组类，该类具有自动递增功能，也就是数组的长度自动递增。该类拥有如下属性成员：

①整型指针。用于指向存放整型数据的内存单元；

②整型变量。表示当前数组的最大长度；

③整型变量。表示当前数组元素个数。

请为类提供如下成员函数：

①构造函数，默认数组长度为 100；

②下标运算符重载函数；

③输出运算符重载函数，输出格式是每行输出 8 个整型数，每个整型数占 8 列。

测试该类。

程序代码：

```
/ ***************************************************************
File name:f0504. cpp
Description:第 5 章的典型例题分析第(4)题。
*************************************************************** /
#include < iostream >
#include < iomanip >

using namespace std;
/ * class define ------------------------------------------------------- */
class CMyArray
{
private:
    int * m_data;                              //指向存放数据的内存单元
    int m_maxCount;                            //最大元素个数
    int m_curCount;                            //当前元素个数
public:
    CMyArray(int * =0,int =0);
    CMyArray(const CMyArray&);                 //拷贝构造函数
```

```
    int& operator[](int);                              //下标运算符重载函数
    CMyArray& operator =(const CMyArray&);             //赋值运算符重载函数
    int getMaxCount()const;
    int getCurCount()const;
    void push_back(int);                               //添加数据

    /* friend function -------------------------------------------------- */
    friend ostream& operator <<(ostream& out,const CMyArray& myarry);
};
/* member function ------------------------------------------------------- */
CMyArray::CMyArray(int * data,int count)
{
    if(count < =0)
    {
        m_data = new int[100];
        m_maxCount = 100;
        m_curCount = 0;
    }
    else
    {
        m_data = new int[count +50];
        m_maxCount = count +50;
        m_curCount = count;
        //赋值数据
        for(int i =0;i < m_curCount;i ++)
        {
            m_data[i] = data[i];
        }
    }
}
CMyArray::CMyArray(const CMyArray&arry)
{
    m_maxCount = arry. m_maxCount;
    m_curCount = arry. m_curCount;
    m_data = new int[m_maxCount];
    //赋值数据
    for(int i =0;i < m_curCount;i ++)
    {
        m_data[i] = arry. m_data[i];
    }
}
int&CMyArray::operator[](int index)
{
```

```
    return m_data[index];
}
CMyArray&CMyArray::operator = (const CMyArray&arry)
{
    if(m_maxCount < arry.m_maxCount)            //数组长度小,则重新分配空间
    {
        delete[]m_data;                         //释放原理的内存空间
        m_maxCount = arry.m_maxCount;
        m_data = new int[m_maxCount];
        m_curCount = arry.m_curCount;
        for(int i = 0;i < m_curCount;i ++)
        {
            m_data[i] = arry.m_data[i];
        }
    }
    return * this;
}
int CMyArray::getMaxCount() const
{
    return m_maxCount;
}
int CMyArray::getCurCount() const
{
    return m_curCount;
}
void CMyArray::push_back(int value)
{
    /*如果没有空间,则重新申请空间*/
    if(m_curCount == m_maxCount)
    {
        int * pdata = m_data;
        m_data = new int[m_maxCount + 50];
        m_maxCount + = 50;
        for(int i = 0;i < m_curCount;i ++)
            m_data[i] = pdata[i];
        delete[]pdata;                          //释放内存空间
    }
    m_data[m_curCount] = value;
    ++ m_curCount;
}
/* friend function ---------------------------------------------------- */
ostream& operator << (ostream&out,const CMyArray&arry)
{
```

```
    if( arry. m_curCount == 0 )
    {
        out << "数组没有数据!";
        return out;
    }
    for( int i = 0; i < arry. m_curCount; i ++ )
    {
        out << setw(8) << arry. m_data[ i ];
        if( ( i + 1 ) % 8 == 0 )
            cout << "\n";
    }
    return out;
}
/ * driver function ---------------------------------------------------- * /
int main( )
{
    CMyArray myArry1;
    cout << " myArry1 : \n" << myArry1 << endl;
    for( int i = 0; i < myArry1. getMaxCount( ); i ++ )
    {
        myArry1. push_back( i + 1 );
    }
    cout << " new myArry1 : \n" << myArry1 << endl;
    myArry1[ 1 ] = 100;
    myArry1. push_back( 20 );
    cout << " new myArry1 : \n" << myArry1 << endl;

    return 0;
}
```

程序运行结果：

```
myArry1 :
数组没有数据!
new myArry1 :
       1       2       3       4       5       6       7       8
       9      10      11      12      13      14      15      16
      17      18      19      20      21      22      23      24
      25      26      27      28      29      30      31      32
      33      34      35      36      37      38      39      40
      41      42      43      44      45      46      47      48
      49      50      51      52      53      54      55      56
      57      58      59      60      61      62      63      64
```

```
65      66      67      68      69      70      71      72
73      74      75      76      77      78      79      80
81      82      83      84      85      86      87      88
89      90      91      92      93      94      95      96
97      98      99      100
new myArry1:
1       100     3       4       5       6       7       8
9       10      11      12      13      14      15      16
17      18      19      20      21      22      23      24
25      26      27      28      29      30      31      32
33      34      35      36      37      38      39      40
41      42      43      44      45      46      47      48
49      50      51      52      53      54      55      56
57      58      59      60      61      62      63      64
65      66      67      68      69      70      71      72
73      74      75      76      77      78      79      80
81      82      83      84      85      86      87      88
89      90      91      92      93      94      95      96
97      98      99      100     20
```

从运行结果可以看出，可以通过下标运算符修改某个元素值，测试程序中修改 myArry1[1] 的值为 100。当数组中元素个数已经达到数组的最大元素个数时，再向数组添加元素时，会自动扩展数组。自动扩展数组的容量以 50 为倍数，这样既不会浪费内存空间，也不需要频繁的进行内存扩展。

特别注意：程序中内存空间的释放，如果内存空间释放不及时，容易产生内存泄漏问题。

5.3 基础知识练习

基础知识练习如下：

(1) C ++ 把运算符看成与（　　）是相同性质的实体。

A. 函数；　　　　B. 向量；

C. 表达式；　　　　D. 模版。

(2) 对于运算符重载正确的说法是（　　）

A. 可使用定义成员函数的方法重载运算符；

B. 凡是 C ++ 中有定义的运算符都可以重载；

C. 可以创建 C ++ 中没有的运算符；

D. 重载运算符时可改变操作数的个数。

(3) 下列对于运算符重载的说法错误的是（　　）

A. 不能创建新运算符；　　　　B. 不是所有运算符都可以重载；

C. 运算符重载后优先级不变； D. 只能用定义成员函数的方法来重载运算符。

（4）对于值返回的函数正确的描述是（ ）

A. 返回值不能作为赋值运算的左值；

B. 返回值不能继续参与计算；

C. 返回值不能赋值给同类型变量（或对象）；

D. 返回值必须是对象类型。

（5）对于引用返回的函数正确的描述是（ ）

A. 返回值只能是对象类型；

B. 返回值既可以作为赋值运算的左值，也可以作为右值；

C. 返回值不能参与表达式计算；

D. 只有类成员函数才能被定义为引用返回的函数。

（6）对于自增运算符的重载正确的是（ ）

A. 重载自增运算符是无法区分前、后自增；

B. 前自增是值返回；

C. 前自增和后自增可以同时重载；

D. 后自增是引用返回。

（7）对于值返回和引用返回的描述正确的是（ ）

A. 值返回和引用返回没有本质的区别；

B. 引用返回不会生成新的对象；

C. 值返回必须借助 this 指针来完成；

D. 一个函数可以同时使用值返回和引用返回。

（8）对于流运算符重载的描述正确的是（ ）

A. 必须使用成员函数的方法重载；

B. 必须使用友元函数的方法重载；

C. 成员函数或友元函数方法都可以使用；

D. 流运算符不能重载。

（9）关于运算符重载的描述正确的是（ ）

A. 一个类中只能重载一个运算符；

B. 一个类中一个运算符只能重载一次；

C. 同一个类中的运算符重载必须使用同一种实现方式，全部用成员函数或全部用友元函数；

D. 其他描述都不对。

（10）用成员函数方法重载前、后自增运算符时，编译器如何区分前自增运算符和后自增运算符（ ）

A. 无法区分。两者只能重载其一，不能同时重载；

B. 前自增运算符采用引用返回，后自增运算符采用值返回；

C. 前自增运算符重载函数使用 this 指针，后自增运算符不用；

D. 前自增运算符重载函数没有参数，后自增运算符重载函数有一个参数。

（11）下面只能通过友元函数重载的运算符是（　）

A. ?:　　　　B. =

C. <<　　　　D. ==

5.4 实验内容

实验目的：

掌握运算符重载的原理，运算符重载函数的定义形式，不同函数形式的实现方法。理解运算符重载函数的参数确定方法。

实验内容：

实验内容包括以下方面：

（1）在第3章实验—圆形类（Circle）的基础上，完成如下功能：

①定义加法运算、规则：两圆之和为一个新的圆，圆心是第一个操作数的圆心（如a+b，则a的圆心为a+b的圆心），半径为两圆半径之和。加法运算不改变操作数。

②定义减法运算、规则：两圆之差为一个新的圆，圆心是第一个操作数的圆心。

③面积为两圆面积之差的绝对值。减法运算不改变操作数。

④定义自增、自减运算（含前、后自增），对半径进行自增、自减运算。

⑤定义流插入运算，输出圆心坐标、半径、周长、面积。

⑥定义>、<运算，比较两圆的面积之间的大小关系。

⑦定义==、!=运算，比较两圆是否是完全相同的圆。

⑧定义&运算，确定两圆是否同心。

⑨定义|运算，确定两圆的位置关系（相交、相切、相离、包含）。

⑩编写主函数，任意生成若干圆，分别测试上述功能。

特别提示：可自行决定是否需要增加圆的属性。但是，不提倡为了简化函数的计算而无原则地增加属性。这样做在给某些计算带来方便的同时，也可能会使另外一些计算变复杂。如：在记录半径的情况下，再记录周长和面积，可以简化某些运算符重载函数的代码。但是，半径与周长、面积之间有确定的约束关系需要遵守。所以，增加了面积和周长属性后，改变其中任意一项的值都意味着需要重新计算另外两项的值，否则就会产生数据的不一致。

（2）在第（1）题基础上（是否需要增减属性和方法可自行决定），完成如下功能：

①定义两个圆对象，确定它们的位置关系为相离。

②令两圆沿圆心连线作相向运动。两圆运动速度之比为面积之比的反比。设速度较慢的圆的运动速度为1，即每走一步的距离为1。

③两圆运动的同时不断地缩小面积。每走一步，半径缩小1。

④用程序模拟上述过程（用循环来实现，每循环一次代表走一步），找出两圆的碰撞位置（即两圆的圆心距离小于等于两圆半径之和，两圆的圆心坐标和半径）。

⑤每走一步，输出两圆的位置、半径和距离（距离是指两圆相距最近的两个点之间的距离）。

特别提示1：考虑一下，两圆是否一定会碰撞?

特别提示2：在不影响被模拟问题本身性质的前提下，是否有办法简化计算?

（3）在第 3 章实验二第 2）题的 CString 类基础上，完成如下功能：

①定义下标运算符重载函数。

②定义流提取运算符重载函数。

③定义流插入运算符重载函数。

④定义字符串连接运算符重载函数：+。

⑤定义赋值运算符重载函数。

（4）有一个类定义如下：

```
class CRmb
{
private:
  int yuan;
  int jiao;
  int fen;
public:
  CRmb(){yuan = 0;jiao = 0;fen = 0;}
  CRmb(int,int,int);          //带参数的构造函数
  CRmb(const CRmb&);          //拷贝构造函数
  CRmb(double);               //类型转换构造函数,将一个实型数据转换成人民币对象
  //流插入运算符重载函数,输出格式:
  //现在有:元  角  分
  friend ostream& operator << (ostream& out,const CRmb&);
  // ====== 如下函数自己设计原型 ==========
  //(1)前自增运算符重载函数,要求实现对分自增 1,并且考虑进位问题
  //(2)后自增运算符重载函数,要求实现对分自增 1,并且考虑进位问题
  //(3)重载"+"运算符,要求实现下面两种加法运算
  //a、CRmb 对象 + CRmb 对象
  //b、CRmb 对象 + double 对象
};
```

在上述基础上，按要求完善类的定义：

①完善类的所有成员函数定义。

②提供以下类的完整测试程序，不允许进行修改。

```
void  fn(const CRmb& x)
{
  cout << "In fn:" << x << endl;
}

void  main()
{
  CRmb m1;
  cout << m1 << endl << endl << endl;
```

```
    CRmb m2(1001,9,9);
    m2 ++;
    cout << m2 << endl;
     ++ m2;
    cout << m2 << endl << endl << endl;

    CRmb m3(m2);
    cout << m3 << endl << endl << endl;

    CRmb m4 = m1 + m2;
    cout << m4 << endl;
    m4 = m1 + 50.0;
    cout << m4 << endl << endl << endl;

    fn(50.13);
}
```

(5) 有一个类定义如下:

```
class CContry
{
private:
    char    * name;                              //国家名称
    char    * caption;                           //首都名称
    double  area;                                //国家面积,单位万平方公里
    double  person_num;                          //人口数量,单位万
public:
    CContry()                                    //无参构造函数
    {
      name = new char[100];
      strcpy(name,"中国");
      caption = new char[100];
      strcpy(name,"北京");
      area = 960;
      person_num = 130000.00;
    }
    CContry(const CContry&);                     //拷贝构造函数
    CContry(char * ,char * ,double,double);      //带参数的构造函数
    CContry& operator = (const CContry&);
  ~CContry();                                    //析构函数
    void set(char * ,char * ,double,double);     //设置属性的成员函数
    void print()const;                           //在屏幕上输出 CContry 对象的信息
};
```

按要求完善类的定义：

①完成类的所有成员函数定义。

②输出函数的输出格式如下：

a. 国家名称：

b. 首都名称：

c. 面积：

d. 人口数量：

③在析构函数中输出如下信息：

a. “国家”对象被析构了！

b. 在输出时，a 中的“国家”用对象的 name 属性值替换。

④自己提供类的完整测试程序，要求界面友好，输出结果应该有相应的提示信息。

⑤要求在测试程序中 new 一个国家对象，并设置该对象的属性如下：

a. 国家名称：日本

b. 首都名称：东京

c. 面积：37. 835

d. 人口数量：12665. 9683

⑥要求在测试程序中 delete 日本对象。

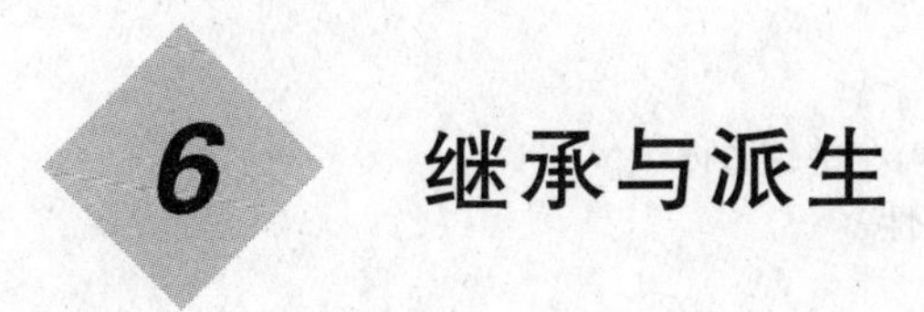

6 继承与派生

6.1 知识要点

6.1.1 继承的基本概念

继承是面向对象程序设计的一个重要特性，是 C ++ 语言中类机制的一部分。继承使类与类之间建立一种上下级关系，可以通过提供来自另一个类的操作和数据成员来创建新类。程序员只需要关心新类中定义的新成员。继承实现了代码重用。

继承包含两个对概念，分别是派生类和基类或子类和父类。在继承体系结构中，派生类又称为子类，基类又称为父类。派生类与基类之间的关系是相对的，在一个继承体系结构中，派生类 A 既可以派生于基类 B，也可以从派生类 A 再派生出派生类 C，所以派生类和基类只是对两个类之间关系的一种描述。

继承使得派生类拥有了基类的所有成员，包括基类的属性成员和成员函数。无论这些成员是私有成员、保护成员，还是公有成员都会被派生类继承。派生类也可以在基类基础上进行扩展，定义自己的属性成员和成员函数。

6.1.2 继承的定义

继承的语法定义形式如下：

(1) 基类定义：

```
class CPerson
{
private:
    string m_id;
    string m_name;
    int m_age;
    char m_sex;
public:
    string getId( ) const;
    void setId( const string&) const;
    string getName( ) const;
    //.... 其他成员函数
};
```

(2) 派生类定义形式：

```
class CStudent:public CPerson
{
private:
    string m_collage;//学校名称
    //.... 其他属性
public:
    string getCollage( ) const;
    void setCollage( ) const;
    //... 其他成员函数
};
```

对于上面的继承结构，CStudent 对象总是包含了一个 CPerson 对象的所有属性和所有成员函数。由此可以看出，派生类对象总是大于等于基类对象的，当派生类在基类基础上没有扩展属性，则派生类对象与基类对象大小相等。

从类的概念来看，可以理解成派生类描述的对象集合总是基类描述的对象集合的子集。例如上面的继承结构中，CStudent 类描述所有学生，CPerson 类描述所有人，而学生显然是人，所以学生是人的一个子集。

6.1.3 继承方式

由上面的继承定义可以看到派生类定义中，在声明与基类关系时使用了 public 关键词，这是一种继承方式。在继承机制中，C ++ 允许有三种继承方式，三种继承方式的主要区别是基类成员在派生类中的访问权限不同。具体如下：

（1）公有继承：公有继承使用关键词 public。

①基类的私有成员在派生类中仍然是私有成员，外部函数和派生类自定义的成员函数都无法访问。

②基类的保护成员在派生类中仍然是保护成员，外部函数不可以访问，而派生类自定义的成员函数可以访问。

③基类的公有成员在派生类中仍然是公有成员，外部函数和派生类成员函数都可以访问。

（2）保护继承：保护继承使用关键词 protected。

①基类的私有成员在派生类中仍然是私有成员，外部函数和派生类自定义的成员函数都无法访问。

②基类的保护成员在派生类中仍然是保护成员，外部函数不可以访问，派生类自定义的成员函数可以访问。

③基类的公有成员在派生类中成为保护成员，外部函数不可以访问，派生类自定义的成员函数可以访问。

（3）私有继承：私有继承使用关键词 private。

①基类的私有成员在派生类中仍然是私有成员，外部函数和派生类自定义的成员函数都无法访问。

②基类的保护成员和公有成员在派生类中都成为私有成员，外部函数不可以访问，但

派生类自定义成员函数可以访问。

派生类可以定义与基类同名的成员函数，C ++ 中称为派生类覆盖了基类的成员函数。当派生类的成员函数覆盖了基类的成员函数时，通过派生类对象调用该成员函数时，则调用派生类自定义的成员函数，通过基类对象调用该成员函数时，则调用基类的成员函数。也可以通过类域运算符显式指定调用哪个成员函数。例如：

```
class CPerson
{
private:
    //数据成员
public:
    void display() const;
    //.... 其他成员函数
};
class CStudent:public CPerson
{
private:
    string m_collage;//学校名称
    //.... 其他属性
public:
    void display() const;
    //... 其他成员函数
};
CStudent student;
student.display();              //调用派生类定义的 display 函数
student.CPerons::display();     //调用继承于基类的 display 函数
```

6.1.4 派生类对象与基类对象之间的关系

(1) 可以使用派生类对象构造基类对象，也可以将派生类对象赋值给基类对象。例如：

```
CStudent st;
CPerson person(st);
CPerson person1;
person1 = st;
```

用派生类对象构造基类对象时，只是用派生类中的基类成员初始化基类对象。派生类对象赋值给基类对象时是将派生类中的基类成员赋值给基类对象。

(2) 基类对象的引用可以引用派生类对象，例如：

```
CPerson& rp = st;
```

此时，rp 只表示了 st 中的基类部分成员，通过 rp 无法访问派生类增加的成员，可以理解成 rp 只是引用了 st 中的基类对象。

（3）基类对象的指针可以指向派生类对象，例如：

```
CPerson * p = &st;
```

此时，通过指针 p 也只能操作 st 中的基类对象部分。

（4）上面三条规则反之不行。原因是派生类对象大于等于基类对象，用基类对象无法正确的初始化派生类对象。

6.1.5 派生类对象的构造方法

继承机制中，虽然派生类继承了基类的所有成员，包括数据成员和成员函数，但派生类不继承基类的构造函数。那么就产生一个问题：派生类中如何初始化从基类继承的属性成员？另外，派生类也不继承基类的析构函数，同样，从基类继承的一些资源通过什么方式释放？

派生类初始化继承于基类的成员的方法可以分两种情况：

（1）第一种情况：派生类没有定义构造函数。此时，系统为派生类提供一个默认构造函数。当定义派生类对象时，系统调用该默认构造函数进行对象初始化。在系统调用派生类默认构造函数之前，系统会先调用基类的无参构造函数（默认构造函数/自定义无参构造函数）来初始化从基类继承的属性成员，然后再运行自己的构造函数初始化自定义的属性成员。这种情况要求基类必须有一个无参构造函数，否则就会出现初始化基类成员失败的编译错误。

（2）第二种情况：派生类定义了构造函数，则必须使用冒号法来初始化从基类继承的属性成员，也就是在初始化列表中调用基类的相应构造函数。例如：

```
CStudent::CStudent (const string& id,const string& name,int age,char sex,
                    const string& collage):CPerson(id,name,age,sex)
{
    m_collage = collage;
}
```

此处显式调用基类的构造函数来初始化派生类从基类继承的属性成员。

派生类的拷贝构造方法同样可以分两种情况：

（1）第一种情况：如果派生类没有定义拷贝构造函数，则默认的拷贝构造函数会调用基类的拷贝构造函数来初始化从基类继承的属性成员。

（2）第二种情况：如果派生类定义了拷贝构造函数，则必须使用冒号法调用基类的拷贝构造函数来初始化从基类继承的属性成员。此时，调用基类拷贝构造函数的参数为派生类对象的引用。

6.1.6 对象的构造顺序以及析构顺序

在继承机制中，基类成员、派生类成员等是按照如下顺序进行构造的。首先，构造的是基类成员，如果基类还有基类，则先构造基类的基类成员，如此递归直到最顶层的基类。其次，构造类对象成员，类对象成员构造顺序与类中的定义顺序相同，与其在初始化列表中的顺序无关。最后，运行类自身的构造函数，对派生类新增加的属性成员进行初始化。

继承机制中的析构顺序正好与构造顺序相反。

6.1.7 基类成员访问权限的调整

在继承机制中，派生类继承了基类的所有成员，有时派生类可能希望修改基类成员在派生类中的访问权限。C ++ 的继承机制提供了派生类这种能力，但这种派生类修改基类成员访问权限的能力是有条件的，其前提条件是基类成员在派生类中必须是可见的，也就是说派生类只能修改基类的保护成员和公有成员的访问权限。派生类可以调整基类的保护成员为公有成员或者私有成员，也可以调整基类的公有成员调用为保护成员或私有成员。例如：

```
class Base
{
protected:
    int sum();
public:
    int max();
};
class Derived:public Base
{
protected:
    using max;      //把 max 函数声明为保护成员
public:
    using sum;      //把 sum 函数声明为公有成员
};
```

6.1.8 组合

组合也是一种代码重用技术，描述了事物之间的一种包含关系。例如：汽车是一个类别，轮胎也是一个类别，轮胎是汽车的一个部件。用计算机语言来描述就是轮胎是汽车类的一个属性成员。与继承不一样，继承描述的是集合与子集的关系，父类与子类的关系，二者属于同一类别。

在有些问题上，继承和组合可以相互转换，用继承方式解决的问题也可以用组合方式解决，不会影响类的接口函数形式，从而不影响编程者的使用。继承与组合的区别主要有如下几点：

（1）继承和组合在物理结构上都是包含关系，但在性质上完全不同；

（2）继承关系中子类和基类的性质是相同的，属于同类。而且子类可以直接访问基类中的非 private 成员；

（3）组合关系中类对象和成员对象的性质是不同的，彼此之间独立。成员对象的任何数据都必须通过成员对象的操作去间接访问。

在解决一个问题时，采用继承还是组合，可以根据问题的性质来选择。无论是继承还是组合，其对外接口可以完全相同，差异只是在于接口的实现技术，不影响用户程序。继承在访问基类成员上比较方便和直接，但基类和子类是紧密结合在一起的，调试过程比较繁琐。组合在访问成员对象数据时比较麻烦，但调试比较直截了当。

6.2 典型例题分析

典型例题分析如下：

(1) 下面叙述不正确的是（　　）

A. 基类的保护成员在保护派生类中仍然是保护的；

B. 基类的保护成员在公有派生类中仍然是保护的；

C. 基类的保护成员在私有派生类中仍然是保护的；

D. 对基类的保护成员的访问必须是无二义性的。

解析：答案 C。

选项 C：基类的所有成员在私有派生类中都成为私有成员，而且派生类的成员函数不可以访问基类的私有成员。

(2) 使用派生类的主要原因是（　　）

A. 提高代码的可重用性；　B. 提高程序的运行效率；

C. 加强类的封装性；　D. 实现数据的隐藏。

解析：答案 A。

C ++ 中继承的主要目的就是为了提高代码的可重用性，继承是面向对象程序设计的一个主要特点。

(3) 保护成员具有双重角色，对派生类成员函数而言，它是（　　），对类外部函数而言，它是（　　）

A. 可访问的，可访问的；　B. 不可访问的，不可访问的；

C. 不可访问的，可访问的；　D. 可访问的，不可访问的。

解析：答案 D。

继承机制中，基类的保护成员是可以被派生类的成员函数访问，但不能被类外部函数访问。基类的保护成员其实就是为派生类预留的一种数据成员或成员函数。

(4) 设计一个 Animal 类。有私有整型数据成员 age 和 string 类型数据成员表示动物种类，在 Animal 类的基础上派生一个 dog 类，派生新增加属性 string 类型的品种类型，并测试类。

程序代码：

```
/ *******************************************************************
File name:f0604. cpp
Description:第 6 章的典型例题分析第(4)题。
******************************************************************* /
#include < iostream >
#include < iomanip >
#include < string >
```

```
using namespace std;
/ * class define ------------------------------------------------- * /
class CAnimal
{
private:
    string m_type;//动物种类
    int    m_age;//年龄
public:
    CAnimal(const string& = "NULL",int =0);
    string getType()const;
    void setType(const string&);
    int getAge()const;
    void setAge(int);

    friend ostream& operator << (ostream& out,const CAnimal& animal);
};
/ * member function ------------------------------------------------- * /
CAnimal::CAnimal(const string&   type,int age)
{
    m_type = type;
    m_age = age;
}
inline string CAnimal::getType()const
{
    return m_type;
}
inline void CAnimal::setType(const string&   type)
{
    m_type = type;
}
inline int CAnimal::getAge()const
{
    return m_age;
}
inline void CAnimal::setAge(int age)
{
    m_age = age;
}
/ * friend function ------------------------------------------------- * /
ostream& operator << (ostream&   out,const CAnimal&   animal)
{
    out << "动物种类:" << animal. m_type
        << "\n 动物年龄:" << animal. m_age;
```

```
    return out;
}

/*derived class define ------------------------------------------ */
class CDog:public CAnimal
{
private:
    string m_name;//狗的品种
public:
    CDog(const string& = "NULL",int = 0,const string& = "NULL");

    friend ostream& operator << (ostream& out,const CDog& dog);
};

/*member function ------------------------------------------ */
CDog::CDog(const string&  type,int age,const string&  name):CAnimal(type,age)
{
    m_name = name;
}

/*friend function ------------------------------------------ */
ostream&operator << (ostream&  out,const CDog&  dog)
{
    out << (CAnimal)dog
        << "\n 动物名称:" << dog.m_name;
    return out;
}

/*driver function ------------------------------------------ */
int main()
{
    CDog dog("狗",2,"藏獒");
    cout << "dog's information:\n";
    cout << dog << endl;

    return 0;
}
```

运行结果：

```
dog's information:
动物种类：狗
动物年龄：2
动物名称：藏獒
```

派生类中，基类成员的初始化必须通过初始化列表完成。另外，在流插入运算符重载中，输出基类成员时，必须将派生类转换基类才可以输出，否则仍然会匹配派生类的运算符重载函数。

6.3　基础知识练习

基础知识练习如下：

（1）若派生类的成员函数不能直接访问基类中继承来的某个成员，则该成员一定是基类中的（　）

A. 私有成员；　　B. 公有成员；

C. 保护成员；　　D. 私有成员或者保护成员。

（2）能访问本类私有成员的函数是（　　）

A. 保护继承子类的成员函数；　　B. 私有派生子类的成员函数；

C. 本类的友元函数；　　D. 公有派生子类的成员函数。

（3）下列关于基类和派生类叙述正确的是（　　）

A. 派生类必须是基类的公有派生类；

B. 派生类不能访问基类的私有成员；

C. 派生类可以访问从基类继承的所有成员；

D. 派生类只继承了基类的保护成员和公有成员。

（4）下列关于基类和派生类关系叙述正确的是（　　）

A. 一个基类只能有一个派生类；　　B. 一个基类允许有多个派生类；

C. 基类不能是其他类的派生类；　　D. 一个派生类只能有一个基类。

（5）下列关于派生类叙述正确的是（　　）

A. 派生类继承了基类的所有成员，包括基类的构造函数和析构函数；

B. 为了正确初始化从基类继承的属性成员，派生类构造函数中必须使用函数调用语句调用基类的构造函数；

C. 派生类中不允许定义与基类相同的属性成员和成员函数；

D. 派生类中可以定义与基类完全同名的属性成员和成员函数。

（6）在公有派生情况下，有关派生类对象和基类对象的关系，下列叙述错误的是（　　）

A. 派生类的对象可以赋给基类的对象；

B. 派生类的对象可以初始化基类的引用；

C. 派生类的对象可以直接访问基类对象的所有成员；

D. 派生类的对象的地址可以赋给指向基类的指针。

（7）在析构派生类对象时，3 个析构函数分别是 a（基类析构函数）、b（对象成员的析构函数）、c（派生类的析构函数），这 3 种析构函数的调用顺序为（　　）

A. abc；　　B. cba；

C. bac；　　D. bca。

(8) 基类和派生类都定义了公有成员函数 fn，则下列描述正确的是（ ）

A. 派生类成员函数中无法调用基类的 fn 函数；

B. 派生类成员函数可以指定调用基类的 fn 函数；

C. 派生类没有继承基类的 fn 函数；

D. 派生类不允许定义 fn 函数，否则会出现函数重定义的编译错误。

(9) 关于三种继承方式描述正确的是（ ）

A. 公有继承方式下，派生类可以直接访问基类的所有成员；

B. 保护继承方式下，派生类只可以直接访问基类的保护成员和公有成员；

C. 私有继承方式下，派生类不能访问基类的任何成员，是一种无意义的继承方式；

D. 其他三种描述都不正确。

(10) 现有基类 A 和派生类 B，定义了基类对象 a 和派生类对象 b，则下面语句不正确的是（ ）

A. A a1(b)； B. A * pa = &b；

C. A& ra = b； D. B b1(a)。

(11) 不能访问一个类私有成员的函数是（ ）

A. 该类的成员函数； B. 该类子类的成员函数；

C. 该类的友元函数； D. 该类的友元类的函数。

(12) 建立派生类对象时，3 种构造函数分别是 a（基类的构造函数）、b（对象成员的构造函数）、c（派生类的构造函数），这 3 种构造函数的调用顺序为（ ）

A. abc； B. acb；

C. cba； D. cab。

6.4 实验内容

6.4.1 实验一：继承

实验目的：

掌握继承的基本知识，学会使用继承编程，从而理解面向对象程序设计中代码重用的原理和方法。

实验内容：

实验内容包括以下方面：

(1) 有一个 person 类定义如下：

```
class CPerson
{
private:
    string  m_name;    //姓名
    int     m_age;     //年龄
    char    m_sex;     //性别'M'表示男性'F'表示女性
```

```
public:
    CPerson(string& name,int age,char sex)
    {
        m_name = name;
        m_age = age;
        m_sex = sex;
    }
    CPerson()
    {
        m_name = "无名";
        m_age = 18;
        m_sex = 'M';
    }
    void print()
    {
        cout << "\n 姓名:" << m_name << "\n 年龄:" << m_age << "\n";
        if(m_sex == 'M')
            cout << "性别:男" << endl;
        else
            cout << "性别:女" << endl;
    }

};
```

请以 CPerson 类为基类定义一个派生类 CStudent，要求该类具有以下属性成员和成员函数：

①学生所属大学名称，string 类型表示；

②学生所在年级，int 类型表示；

③CStudent()；//以 {"无名"、18 岁、男性、"苏州大学"、1 年级} 为默认值的无参构造函数；

④CStudent(string& name，int，char，string& collageName，int grade)；//带参数的构造函数；

⑤void print() const；//显示学生类对象的所有信息；

⑥编写对 CStudent 类的测试程序，要求如下：

a. 定义一个学生类 student1，属性值为默认属性值，并输出其信息。

b. 定义一个学生类 student2，其属性为：

■ 姓名："Liming"

■ 年龄：21

■ 性别：男

■ 大学："苏州大学"

■ 年级：1

c. 提供 CStudent 类的完整测试程序，要求界面友好，输出结果应该有相应的提示信息。

（2）以第3章实验二第（4）题中 CBook 类为基础定义一个派生类 CComputerBook，该派生类有如下属性成员和成员函数：

①属性成员：

a. 领域属性（string 类型）：如人工智能领域、嵌入式领域、机器学习领域等；

b. 类别属性（string 类型）：如教材、实验指导书、练习册等。

②成员函数：

a. 无参构造函数。其中 name = "无"；author = "无"；price = 0.0；publisher = "无"；领域属性为：无；类别为：无；

b. 带参数的构造函数；

c. 析构函数，析构函数中要求输出："CComputerBook 类对象被析构了！"

d. 流输出符重载函数，显示时要求每个属性信息占一行。

③提供类的完整测试程序，要求界面友好，输出结果应该有相应的提示信息。

④在测试程序中 new 一个 CComputerBook 对象，并设置其属性如下：

a. 书名为："C 程序设计教程"

b. 作者："王涛"

c. 价格：35.0

d. 出版社："清华大学出版社"

e. 领域："程序设计"

f. 类别："教材"

在测试程序中 delete 上一步创建的对象，体会析构函数的运行过程。

拓展思考：

6-1 仔细体会继承结构下类代码的调试方法，如果出现错误，该如何定位错误？

6.4.2 实验二：组合

实验目的：

理解继承与组合的区别和功能的相似性，掌握两种技术的实现原理。

实验内容：

实验内容如下：

设有类 CTime 和 CDate 分别用于描述时间和日期，另外有 CDateTime 类描日期和时间，请为三个类给出具体的实现代码，并在 main 函数中测试。

```
#include <iostream>
#include <cmath>
using namespace std;

class CTime
{
   int m_hour,m_mintue,m_second;
public:
```

```
    //如果时间合法,则赋值,否则赋值0时0分0秒
    CTime(int hour = 0,int minute = 0,int second = 0);
    //如果时间合法,则赋值并返回1,否则不赋值,并返回0
    int SetTime(int hour = 0,int minute = 0,int second = 0);
    int getHour() const;
    int getMinute() const;
    int getSecond() const;
    //flag为True则以24小时制显示时间,否则以AM PM的方式显示
    void ShowTime(bool flag) const;
    //自己考虑是否需要添加其他成员函数
};

class CDate
{
private:
    int m_year,m_month,m_day;
public:
    //如果日期合法,则赋值,否则赋值2000年1月1日
    CDate(int year = 2000,int month = 1,int day = 1);
    //如果日期合法,则赋值并返回1,否则不赋值,并返回0
    int SetDate(int year = 2000,int month = 1,int day = 1);
    int GetYear() const;
    int GetMonth() const;
    int GetDay() const;
    //flag为TRUE,则以中文的方式显示日期,否则以MM/DD/YYYY的方式显示日期
    void ShowDate(bool flag) const;
    //自己考虑是否需要添加其他成员函数
};
class CDateTime
{
private:
    CTime m_time;
    CDate m_date;
public:
    //添加必要的构造函数
    //int SetDateTime(...);    自己设计参数,考虑该函数的返回值加以表示全部正确、日期不对、时间
不对等情况
    //void ShowDateTime(...);    自己设计参数,考虑可以中文日期和西文日期格式,以及24h和AM
PM都可以控制
    //添加自己认为必要的其他成员函数
};
```

在主函数中验证上述类的功能，要求的主函数如下所示，不要修改主函数：

```
void main()
{
  CDateTime d1(2014,5,2,27,12,5);
  //第1个参数表示以英文方式显示日期,第2个参数表示以24h制方式显示时间
  d1.ShowDateTime(false,true);

  CDateTime d2;
  //第1个参数表示以中文方式显示日期,第2个参数表示以AM PM的方式显示时间
  d2.ShowDateTime(true,false);

  int iStatus;
  iStatus = d2.SetDateTime(2014,5,2,21,55,5);
  switch(iStatus)
  {
  case 1:
    cout << "日期和时间数据设置正确!" << endl;
    break;
  case -1:
    cout << "日期数据设置不正确!" << endl;
    break;
  case -2:
    cout << "时间数据设置不正确!" << endl;
    break;
  }
  //第1个参数表示以英文方式显示日期,第2个参数表示以AM PM的方式显示时间
  d2.ShowDateTime(false,false);
  cout << "月=" << d2.GetMonth() << endl;        //认真考虑一下如何实现此操作?
  cout << "分钟=" << d2.GetMinute() << endl;     //认真考虑一下如何实现此操作?
}
```

拓展思考:

6-2 请思考什么时候用继承?什么时候用组合?继承和组合优、缺点有哪些?

多态性与虚函数

7.1 知识要点

多态是指一个操作随着所传递或捆绑对象类型不同产生不同的行为特征。多态性可分为静态多态和动态多态。

7.1.1 静态联编和动态联编

静态联编是指对程序进行编译连接就确定了具体的调用函数，也称为静态绑定。在前面编写的程序中，函数调用都是静态联编。对于一组重载函数，系统编译时即根据其参数形式确定调用的具体函数，这种由函数重载表现出来的多态称为静态多态性，或者称为编译多态性。

动态联编是指在程序运行时，系统根据具体的对象确定所调用的具体函数。在继承体系结构中，由于派生类可以重新定义继承于基类的虚函数，这样派生类和基类的虚函数具有相同函数原型，所以在编译时系统并不能和函数重载一样根据参数确定所调用的具体函数，这种形式的多态称为动态多态性或运行时多态性。

7.1.2 虚函数

虚函数的定义形式如下：

```
class CBook
{
private:
    string m_book;              //书名
    string m_author;            //作者名
public:
    virtual void display();     //虚函数
    //其他成员函数
};
```

虚函数可以在类内定义，也可以在类外定义，在类外定义时不能再次使用 virtual。

虚函数的若干限制如下：

（1）只有类的成员函数才能声明为虚函数（类的成员函数尽量设计为虚函数总是有意义的）；

（2）静态成员函数不能是虚函数；

（3）内联函数不能是虚函数；

（4）构造函数不能是虚函数；

（5）析构函数可以是虚函数，而且通常声明为虚函数。

7.1.3 纯虚函数

类中只有函数声明，没有函数体的虚函数称为纯虚函数，其定义格式如下：

```
virtual void display( ) =0;//纯虚函数
```

7.1.4 抽象类

抽象类是指含所有纯虚函数的类。抽象类只能作为基类使用，用于规范继承结构中所有派生类的对外接口。抽象类不能定义对象，但可以定义指向抽象类的指针和引用。派生类中如果实现了抽象类的定义，则派生类可以定义对象，否则派生类仍然是抽象类。

7.1.5 动态多态

产生动态多态性的条件如下：

（1）必须存在一个继承体系结构；

（2）继承体系结构中的一些类必须具有同名的 virtual 成员函数，也就是虚函数；

（3）至少有一个基类类型的指针或基类类型的引用，这个指针或引用可用来对 virtual 成员函数进行调用。

以上三个条件是实现动态多态的前提，如果缺失某一个条件，就不能实现动态多态。

7.2 典型例题分析

典型例题分析如下：

（1）在 C ++ 中，要实现动态联编，必须使用（　　）调用虚函数。

A. 类名；　　B. 派生类指针；

C. 对象名；　　D. 基类指针。

解析：答案 D。

只有用静态成员才可以用类名来调用。

实现动态联编必须满足三个条件，其中有一条就是必须使用基类指针或基类引用调用虚函数。

（2）下列函数中可以作为虚函数的是（　　）

A. 普通函数；　　B. 非静态成员函数；

C. 构造函数；　　D. 析构函数。

解析：答案 B 和 D。

选项 A：普通函数不属于类，虚函数只在类中存在。

选项 B 和 D：任何非静态成员函数都可以作为虚函数。析构函数可以作为虚函数，并且也一般将析构函数定义为虚函数。

选项 C：构造函数不能定义为虚函数，因为构造函数是用于构造对象的。

(3) 使用虚函数保证了在通过一个基类类型的指针或引用调用一个虚函数时，C ++ 系统对该调用进行（　　），但是，在通过一个对象访问一个虚函数时，使用（　　）

A. 动态联编；　　　　B. 静态联编；

C. 动态编译；　　　　D. 静态编译。

解析：答案 A 和 B。

C ++ 中的多态性一般是指动态多态性，也就是动态联编，在程序运行时才确定调用具体函数。实现动态多态性的三个条件就是要求一个继承结构，基类和派生类具有相同的虚函数，并且使用基类的引用或指针调用虚函数。如果使用对象名调用虚函数，则在编译时就确定了调用的具体函数，是一种静态联编过程。

(4) 下面函数原型声明中，声明 func( ) 为纯虚函数的是（　　）

A. void func( ) =0；　　　　B. virtual void func( ) =0；

C. virtual void func( )；　　　　D. virtual void func( ){ }。

解析：答案 B。

选项 A：这种声明形式是错误的，非虚函数是不允许直接等于 0 的。

选项 B：正确的声明纯虚函数的例子，有纯虚函数的类称为抽象类，不可以被实例化，也就是不可以用抽象类定义对象。

选项 C：声明了一个虚函数，并不是纯虚函数，虚函数是可以有函数体的，而纯虚函数是没有函数体。

选项 D：语法错误，虚函数定义时，不需要关键词 virtual，并且在函数定义结束也不能有分号。

(5) 假设 MyClass 是抽象类，则下列声明错误的是（　　）

A. MyClass&　func(int)；　　　　B. MyClass * pp；

C. int func(MyClass)；　　　　D. MyClass obj。

解析：答案 C 和 D。

抽象类是不能定义对象的，选项 A 是返回抽象类的引用，并不一定需要抽象类对象，抽象类的引用可以关联其派生类。选项 B 只是定义了一个指向抽象类的指针，与抽象类的引用原理相似。选项 C 和选项 D 都需要抽象对象，选项 C 需要抽象类对象作为函数参数，选项 D 定义一个抽象类对象，所以 C 和 D 都是错误的。

(6) 下列程序演示了动态多态的形式：

```
/ ********************************************************************
File name:f0706. cpp
Description:第 7 章的典型例题分析第(6)题。
******************************************************************** /
#include < iostream >
#include < string >
using namespace std;

/ * Based class define ----------------------------------------------- * /
class CShape
```

```
{
public:
    virtual void show() =0;          //纯虚函数
    virtual ~CShape(){cout<<"析构了 CShape\n";};
};

/* Derived class define ------------------------------------------------------------*/
class CPoint:public CShape
{
private:
    double m_x,m_y;
public:
    CPoint(double =0,double =0);
    virtual void show();             //虚函数
    virtual ~CPoint(){cout<<"析构了 CPoint 对象\n";}
};

/* Member function ------------------------------------------------------------------*/
CPoint::CPoint(double x,double y)
{
    m_x =x;
    m_y =y;
}
void CPoint::show()
{
    cout<<"("<<m_x<<","<<m_y<<")";
}
/* Derived class define ------------------------------------------------------------*/
class CLine:public CShape
{
private:
    CPoint m_point1,m_point2;
public:
    CLine(double =0,double =0,double =1,double =1);
    virtual void show();             //虚函数
    virtual ~CLine(){cout<<"析构了 CLine 对象\n";}
};

/* Member function define -----------------------------------------------------------*/
CLine::CLine(double x1,double y1,double x2,double y2)
    :m_point1(x1,y1),m_point2(x2,y2)
{
```

```
}

void CLine::show()
{
    m_point1.show();
    cout << " --------> ";
    m_point2.show();
}

/* test program ------------------------------------------------------------------*/
int main()
{
    CShape * pShapeArry[6];        //定义一个包含6个元素的基类指针数组
    int i;
    //构造6个对象
    for(i=0;i<6;i+=2)
    {
        pShapeArry[i] = new CPoint(i,i);
        pShapeArry[i+1] = new CLine(i,i,i*2+1,i*2+1);
    }
    //输出6个对象
    cout << "创建的对象信息如下:" << endl;
    for(i=0;i<6;i++)
    {
        pShapeArry[i] -> show();
        cout << endl;              //换行
        delete pShapeArry[i];      //释放动态分配的空间
    }
    return 0;
}
```

程序运行结果:

```
创建的对象信息如下:
(0,0)
析构了 CPoint 对象
析构了 CShape
(0,0) --------> (1,1)
析构了 CLine 对象
析构了 CPoint 对象
析构了 CShape
析构了 CPoint 对象
析构了 CShape
析构了 CShape
```

(2,2)
析构了 CPoint 对象
析构了 CShape
(2,2) ---------> (5,5)
析构了 CLine 对象
析构了 CPoint 对象
析构了 CShape
析构了 CPoint 对象
析构了 CShape
析构了 CShape
(4,4)
析构了 CPoint 对象
析构了 CShape
(4,4) ---------> (9,9)
析构了 CLine 对象
析构了 CPoint 对象
析构了 CShape
析构了 CPoint 对象
析构了 CShape
析构了 CShape

此程序中的 CShape 类就是一个抽象基类，没有任何数据成员，提供了一个纯虚函数用于规定继承体系结构中类信息的显示接口函数。虚析构函数用于在析构基类指针所指向的对象时，能调用对象的析构函数，实现相关资源的释放。本程序中没有资源释放操作，只是用于演示虚析构函数的调用方式。CShape 抽象基类的派生类 CPoint 实现了虚函数 show，派生类 Cline 也实现从抽象基类继承的虚函数 show，三个类拥有同名的虚函数 show。在 main 函数中，定义了一个 CShape 类的指针数组，每个指针指向一个 CPoint 类对象或者 CLine 类对象。CShape、CPoint 和 CLine 构成一个继承结构，并且都有虚函数 show，在测试程序中使用 CShape 基类的指针指向了派生类对象，满足动态多态的三个条件。在输出结果中可以看出，通过 CShape 基类指针调用虚函数 show 时，真正运行的 show 函数需要依赖与当前 CShape 指针所指向的对象，这就是一种典型的动态多态现象。对象析构的原理与 show 函数的运行原理一样。

7.3 基础知识练习

基础知识练习如下：

(1) 关于虚函数描述正确的是（　　）

A. 虚函数只能是基类的成员函数；

B. 虚函数可以是类的成员函数，也可以是普通函数；

C. 一旦基类的成员函数声明为虚函数，则其直接或间接的派生类的同类型同名函数都是虚函数；

D. 在派生类中与基类的虚函数同类型同名的成员函数，如果不显示声明为虚函数，则不是虚函数。

(2) 下列哪类函数不能定义为虚函数（　　）

A. 普通成员函数；　　B. 析构函数；

C. 常成员函数；　　D. 构造函数。

(3) 关于抽象类描述错误的是（　　）

A. 抽象类不能定义具体的对象；

B. 有纯虚函数的类是抽象类；

C. 抽象类不能用做基类；

D. 抽象类可以用作基类，而且常常是作为基类来使用。

(4) 下列哪类函数能定义为虚函数（　　）

A. 静态成员函数；　　B. 内联函数；

C. 构造函数；　　D. 析构函数。

(5) 关于多态描述错误的是（　　）

A. 多态必须以继承体系结构为基础；

B. 多态必须通过基类的引用或指针的间接访问来实现；

C. 多态可以通过基类对象的传值形式实现；

D. 多态必须通过虚函数表来实现。

7.4　实验内容

实验目的：

掌握多态的基本概念，理解动态多态的运行机制，学会使用多态进行程序设计。

实验内容：

实验内容如下：

(1) 请设计一个 CBook 类，该类属性有：

①书名：string 类型。

②作者名：string 类型。

③出版社名：string 类型。

④价格：double 类型。

请为 CBook 类提供如下成员函数：

①提供一个虚函数：print( )，实现将 CBook 类信息输出到屏幕。

②根据需要自行添加成员函数。

在 CBook 类的基础上派生一个 CComputerBook 类，完成如下功能：

①新增加类别属性：string 类型，可分为：语言类、算法类、体系结构类、计算机接口类、网络类等。

②改写基类的虚函数：print( )，实现将 CComputerBook 类的所有信息输出到屏幕。

③根据需要自行添加成员函数。

在 CBook 的基础上派生一个 CLiteratureBook 类，完成如下功能：

①新增语言属性：string 类型，可分为：中文、英文、日文、韩文、俄文、法文等。

②改写基类的虚函数：print( )，实现将 CLiteratureBook 类的信息输出到屏幕。

③根据需要自行添加成员函数。

按照要求完成三个类的定义，提供完整的测试程序如下：

```
//多态实验一的测试程序
void display(CBook&   book)
{
    book. print( );
}
int main( )
{
    CBook book("C ++ 程序设计","李三","科技出版社",34. 5);
    CComputerBook cpbook("C 语言程序设计","谭浩强","清华出版社",30,"语言类");
    CLiteratureBook clbook("三国演义","罗贯中","岳麓书屋",50,"中文");

    display(book);
    display(cpbook);
    display(clbook);

    return 0;
}
```

（2）定义一个抽象基类 CElement，其中定义了显示、求面积等公共接口（纯虚函数）。从 CElement 类直接或间接派生出 CPoint(点)、CLine(线)、CCircle(圆)、CRectangle(矩形)、CTriangle(三角形)、CEllipse(椭圆）等图形元素类，并重定义基类中的虚函数，完成相应的功能。再定义一个 CElemList 链表类，链表的节点通过指针指向 CElement 类型的对象。编写测试代码，生成各个具体的图形类对象，将它们加入链表中，并通过链表头指针访问各个图形的显示、求面积等函数，实现运行时的多态，从而显示或计算出正确的数据。

附录：基础知识练习参考答案

第2章（2.3）：

(1)～(5)：C，C，D，C，C；(6)～(10)：C，B，A，D，D；
(11)～(15)：C，D，C，B，B；(16)～(20)：C，C，C，D，A；
(21)～(25)：A，C，C，C，B；(26)～(30)：D，D，A，A，D；
(31)：C。

第3章（3.3）：

(1)～(5)：B，D，B，B，D；(6)～(10)：C，D，D，D，A；
(11)～(15)：C，B，A，D，C；(16)～(20)：B，B，D，B，C；
(21)～(23)：C，B，B。

第4章（4.3）：

(1)～(5)：C，C，B，D，D；(6)～(8)：B，D，D。

第5章（5.3）：

(1)～(5)：A，A，D，A，B；(6)～(10)：C，B，B，D，D；
(11)：C。

第6章（6.3）：

(1)～(5)：A，C，B，B，D；(6)～(10)：C，B，B，B，D；
(11)～(12)：B，A。

第7章（7.3）：

(1)～(5)：C，D，C，D，C。

参考文献

[1] 钱能 . C ++ 程序设计教程（第二版）[M]. 北京：清华大学出版社，2005.
[2] 郑阿奇，丁有和 . C ++ 实用教程 [M]. 北京：电子工业出版社，2008.
[3] Stanley B Lippman，Josée Lajoie. C ++ Primer（第三版）[M]. 潘爱民，张丽，译 . 北京：中国电力出版社，2002.
[4] Bjarne Stroustrup. C ++ 程序设计语言（特别版）[M]. 裘宗燕，译 . 北京：机械工业出版社，2009.
[5] Bjarne Stroustrup. C ++ 程序设计原理与实践 [M]. 王刚，刘晓光，吴英，等译 . 北京：机械工业出版社，2010.
[6] 邬延辉，王小权，陈叶芳，等 . C ++ 程序设计教程——基于案例与实验驱动 [M]. 北京：机械工业出版社，2010.
[7] 马石安，魏文平 . 面向对象程序设计教程（C ++ 语言描述）[M]. 北京：清华大学出版社，2007.